口絵 1　平原にぽっかりと浮かぶ五大連池火山の１つ。1720～21年の活動で形成された。

口絵 2　五大連池火山の溶岩流。お餅のようにふっくらとしているのが特徴。

口絵 3　五大連池火山の溶岩流。後方の火口より流出したもので，ハワイ・キラウエア火山の溶岩流を彷彿とさせる。

口絵 4　長白山火山の火口湖「天池」。10 世紀の大噴火で形成された。長径 4 km，短径 3 km。手前に見える白っぽい岩石は珪長質の軽石及び火山灰。

口絵 5　黒風口より撮影した長白山火山山腹の長白温泉の赤外熱映像（上）と可視映像(下)。幅約50 m の高温部分（赤色部）が明瞭に捉えられている。

口絵 6　長白山火山の登山道入り口。霊峰としてあがめられ，韓国からの登山客も多い。

口絵 7　内モンゴル自治区の阿爾山《アルシャン》温泉。両側を山に囲まれた谷地形の中に発達している。

口絵 8　阿爾山温泉の 48 ある温泉湧出口はそれぞれ独特の建物で覆われている。モンゴル民族風の洒落た建物が見える。

口絵 9　阿爾山温泉内の療養院。これらの建物は旧日本軍も使用していたという。

口絵10　チベット羊八井《ヤンパージン》地熱地域背後の6,000m級の高山。雪は地熱地域から放出される地熱水の涵養源にもなっている。

口絵11　冷却塔から水蒸気を上げる羊八井地熱発電所

口絵12　羊八井地熱地域の中心部にある熱水変質帯。周辺に火山はないが，このような変質帯の形成には，地殻浅部にマグマの存在が推定される。

KUARO 叢書 2

中国大陸の火山・地熱・温泉

フィールド調査から見た自然の一断面

江原幸雄 編著

九州大学出版会

はじめに

火山・地熱・温泉(1)……これらはいずれも地球の息吹を感じさせる言葉です。それも躍動的で温かいイメージを持つ言葉です。あるいは地球が生きている証拠と言ってもよいでしょう。あなたもきっとそのようなイメージを持たれるに違いありません。私たちの研究は火山や地熱や温泉の現在・過去の姿を明らかにし、その将来を予測するとともに、自然の恵みを人間生活に役立てることにあります。本書ではそのような取り組みの一つを「中国大陸」を例にしてご紹介したいと思います。

世界には火山を見たことがない人もたくさんいます。しかし、日本人で火山を見たことがない人はいないでしょう。地熱発電所を見たことがある人は残念ながらそう多くはないかも知れませんが、温泉に入ったことのない人は恐らくいないのではないでしょうか。それほどわが国では火山・地熱・温泉はありふれたものですが、世界には日本と事情の異なる地域は少なくありません。本書で取り扱おうとしている中国大陸もそのような地域の一つに見えます。

私たちは、調査のため中国に行く前には少なくともそう思っていました。確かに、中国では、あちこちに火山・地熱・温泉があるということはありません。しかし、あるところには実にたくさんあります。たとえば、中国西部のチベットには三、〇〇〇ヵ所を超える温泉湧出地点があります。至る所に温泉が湧いています。一方、中国東北部には実に新鮮な玄武岩[2]質の溶岩原が広大な地域に広がっています。それは、まさにハワイ島と見間違うばかりです。黒光りのする石炭のような溶岩が大平原を埋めつくしているのです。ほんの二百数十年前のできごとの結果なのです。そして、このような火山活動は何と二五〇〇万年以上も前から延々と続いているのです。

私たちは十数年前に初めて中国を訪れる前は、仮りに中国から火山噴火のニュースが飛び込んできても、きっとにわかには信じられなかったように思います。しかし、今は違います。「そうか、ついに中国大陸に新たな力が働いて、地下深部から玄武岩が噴き出たか」そんな第一印象を持つものと思います。

火山・地熱・温泉を研究対象としている私たちも中国大陸には無知でした。というよりもそれまで余り目を向けていませんでした。読者の皆さんはどうでしょうか。中国で火山の噴火？　恐らく予想はされないでしょう。今から約一〇〇〇年前、中国・北朝鮮国境にある長白山（白頭山）火山[3]の大噴火があり、そのせいで渤海《ぼっかい》国が滅んだりしたかも知れないという話やわが国にも数センチメートルの厚さの火山灰が降ったりしたことを知っている人がいるとしたら、それはもうかなりの知識がある方と言ってもよいと思います。しかし、近い将来、中国においても火山噴火は十分あり得るのです。その火山灰が日本列島に降りかかることもあり得るのです。

それでは、これから中国大陸の火山・地熱・温泉、中国の温かい息吹をご案内しましょう。そして、調査の結果だけではなく、調査がどのようにして行われたかも記すことにしたいと思います。「フィールド科学」がどんな困難に遭いながら進められているかがわかって頂けると思います。それは実験室の中で行われる科学とは随分違ったものであることが理解できると思います。

さて、ここで一つだけ始めに御了解を得ておきたいと思います。中国大陸では先の大戦で、我が国が大きな過ちをおかしたことはご存知のことと思います。私たちは野外調査で中国大陸を走り回る中で、今なお残る戦争の爪痕を多くの場所で見ました。それらはエピソードとして書き記したいと思います。歴史は事実に基づいて正しく認識する必要があります。第二次大戦の反省の上に立って、いろいろな面で日中両国の友好関係を進めていく必要のあることを改めて感じて頂けるのではないかと思っています。私たちは自然科学の分野で中国に貢献したいと思っています。読者のみなさんもそれぞれの分野で友好を深めて頂ければ幸いです。

そのようなわけで、この本のテーマは火山・地熱・温泉と言う自然科学を対象とするものですが、同時にそこであった不幸な話にも時々触れてみたいと思います。それらは本来別々に語られるべきものと考えられますが、私たちはそれらを調査の中で常に忘れることができなかったものですから。

なお、専門用語はできるだけ本文中で説明を加えるようにしましたが、不十分と思われるものについては、初出の時に上付き数字で示し、巻末にまとめて説明を加えています。ご利用頂ければ幸いです。

江原幸雄
糸井龍一
渡邊公一郎

目次

第一章　中国大陸の火山・地熱・温泉

1　中国大陸の火山・地熱・温泉の分布

(1) 火　山

まず始めに中国大陸の地図を示しましょう（図1）。これによって、中国大陸の地理の概略を頭に入れて下さい。さて、中国大陸のいったいどこに火山があるのでしょうか。読者の皆さんは思い浮かびますか。中国大陸の火山はおもに二つのグループに分けられます（図2）。そしてそれらは大変性質が異なっています。一つは中国東北部に見られる玄武岩質火山です。もう一つはアルプス－ヒマラヤ造山帯[1]に関連した安山岩を中心とする火山です。プレートテクトニクス[2]の観点から言うと、火山ができるのは、プレートが生成される海嶺部分（大西洋中央海嶺など）、プレートが衝突する部分（ヒマラヤ山脈など）、プレートが沈み込む部分（日本列島など）、そしてプレート運動とは直接関係ないプレート内部に生成される火山（プレート内火山あるいはホットスポット火山と言われます。ハワイ火山など）があります。

実は中国東北部にある玄武岩質火山は、最後のホットスポット火山と言われるもののよう

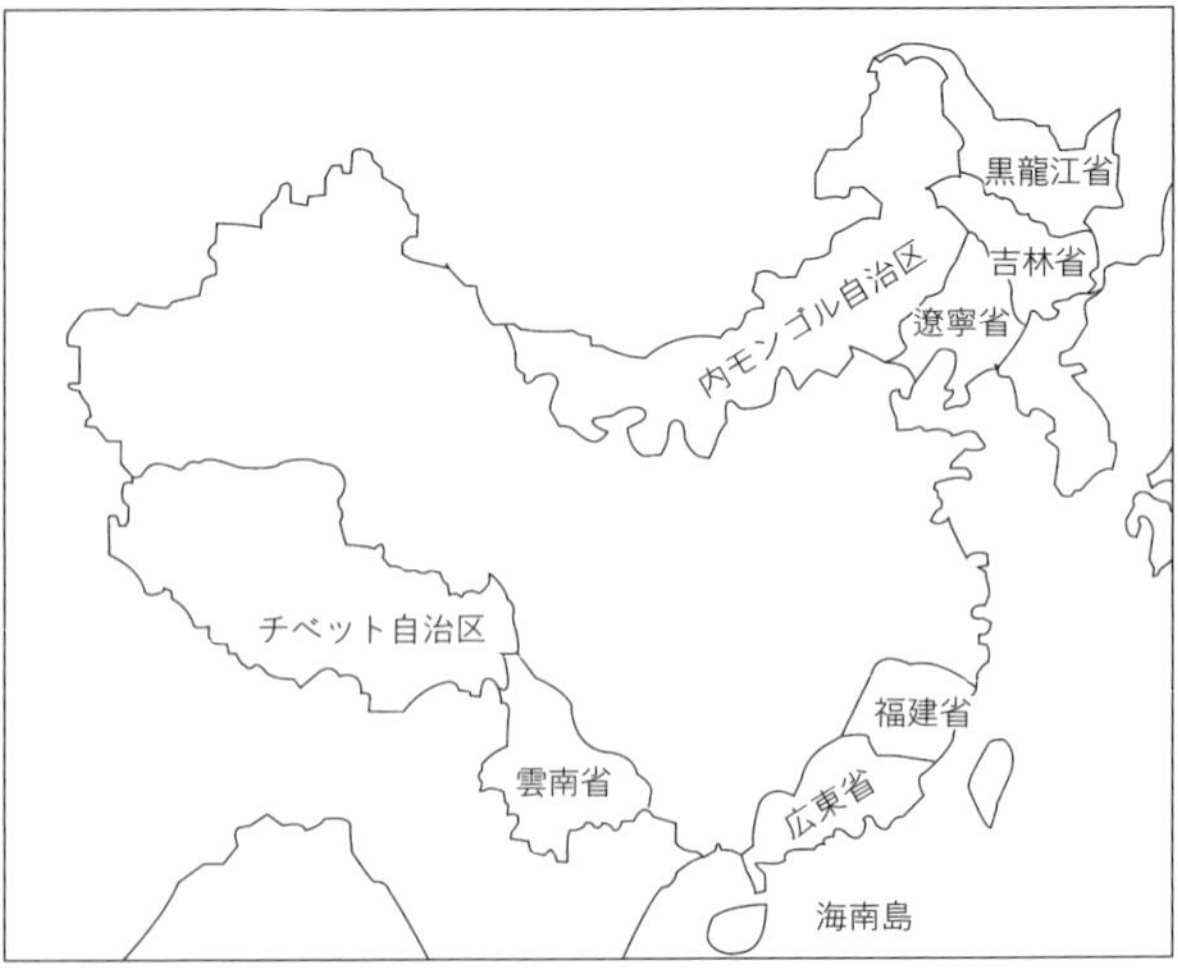

図 1　中国の地理概略（本文中に出てくる省名等のみ示す）

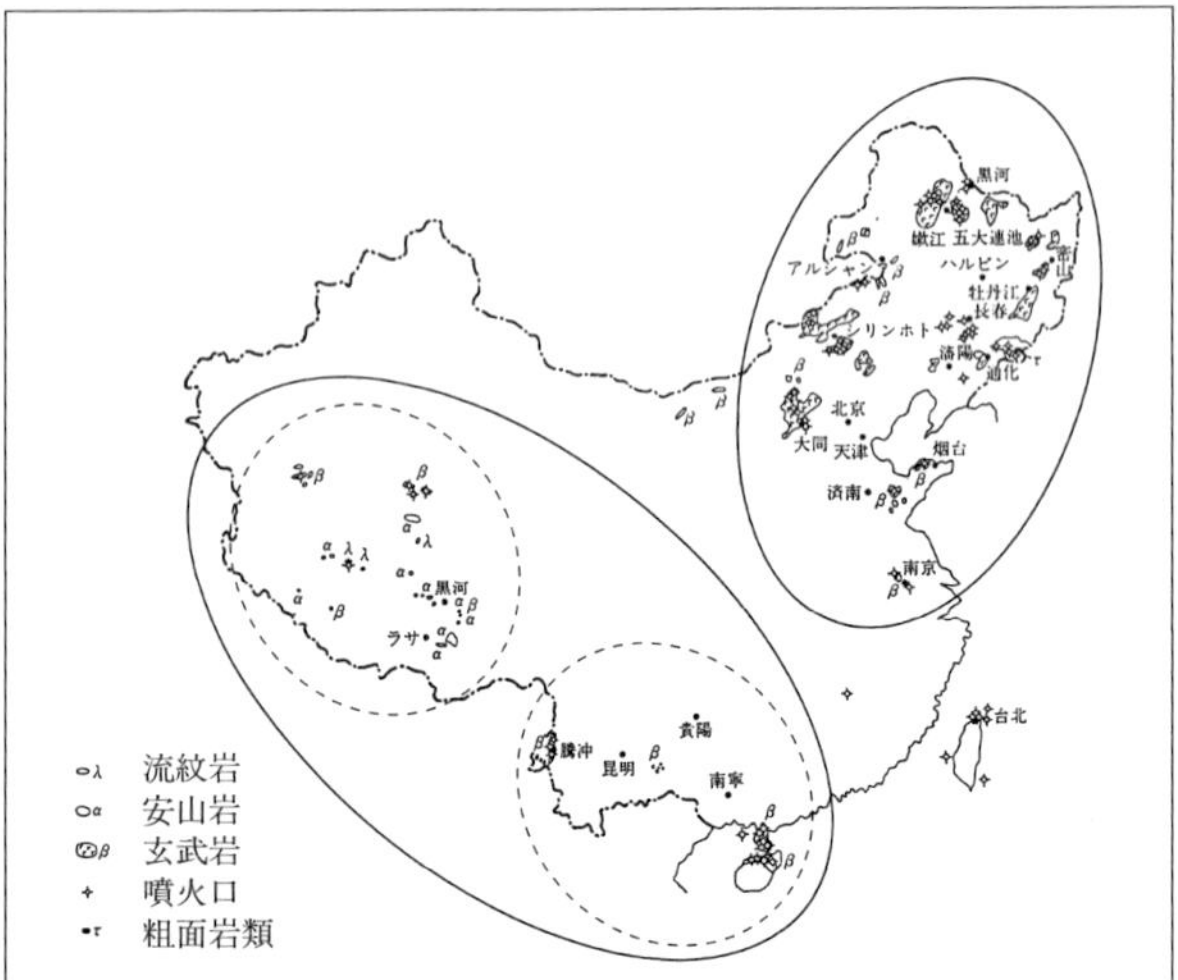

図 2　中国の火山分布（都城編，1979 に加筆）

です。ホットスポットとは直訳すれば「熱い地点」です。これは上部マントル（地表から深さ数百キロメートル程度までの深さの部分）にある、周囲より特に高温な部分を指す言葉です。その成因は必ずしも明らかではありませんが、地球が生成・発展する中で、ある時期に形成され、現在でも高温を維持している部分と考えて下さい。この高温物質が何らかの原因で上昇を開始し、やがて地表にまで現れたものの一つが中国東北部の玄武岩質火山群です。これらの火山では一回の噴火のみで形成された単成《たんせい》火山が多く見られるのが特徴です。また、広範囲の大平原を溶岩が覆っているのも特徴です。マントルの物質が溶けると玄武岩質マグマが生成されます。そのマグマの成分があまり変化せず地表に出てくるために、地表に噴出したマグマは玄武岩質なものになるわけです（たとえば、日本列島下でマグマが生成される時も、上部マントルでできるのは玄武岩質マグマですが、地表では安山岩質火山が多いのとは異なっています。日本列島下で安山岩質マグマが地上に噴出するまでにはもう一つカラクリが必要です）。

これらの火山群中で最も新しい活動は一七二〇〜一七二一年に起きたものと言われ、大平原を黒光りした溶岩が埋め尽くしています。そして、火山群の配列をみると、見事に北東—南西方向に一直線に並んでおり、火山の形成（マグマの上昇）が地下の割れ目（断層）の形成に大きく規制されていることがわかります。従って、火山活動の主因は地下の高温にあるとしても、火山形成には力学的誘因もまた重要な役割を果たしていることが予想されます。なお、このような大陸内部の火山はアフリカにもたくさんあります。また、身近な例として、九州の北西部（長崎県・佐賀県・福岡県）から五島列島にかけての地域に新生代の玄武岩がたくさん見られます。これらの玄武岩質火山はプレートの沈み込みとは無関係な火山ではないかと考えられており、その成因はとても興味あるものです。この玄武岩質火山については第三章で詳しく述べることにします。

中国にあるもう一つの火山のグループはアルプス—ヒマラヤ造山帯と関係した安山岩を中心とした火山です。プレートテクトニクス的に言えば、プレートの衝突（オーストラリアプレートがユーラシアプレートに衝突した）と関連して生成されたものと考えることができます。ヒマラヤ山脈がプレートの衝突によって世界の屋根に成長したことは御存じの読者も多いことでしょう。そのような激しい地殻活動が火山活動をもたらしたものと考えてよいでしょう。このような火山活動（そして地熱活動・温泉活動）を引き起こした原因として、プレート同士の摩擦熱も考えられますが、地殻の変形に伴う発熱も重要であると指摘する研究者もいます。

このアルプス－ヒマラヤ造山帯に関連した火山は地理的に見てさらに二つのグループに分かれます。一つは北西部のグループでチベット高原周辺部にあるものです。岩石は安山岩を主として、流紋岩や玄武岩も見られます。コンロン山脈にも火山があり、なんと一九五一年には溶岩を出し、噴煙を上げたと言われています。もう一つのグループは南東部にある雲南省騰沖《トンチョン》周辺部に広がる火山群で安山岩と玄武岩が認められています。ここでも一六六四年までは噴火活動があったことも知られています。また、海南島およびそれに面する中国大陸側にも玄武岩質火山活動が知られています。

中国大陸自然地理早わかり

図1に中国の簡略化した地図を示しました。本書で中国東北部というのは、遼寧省・吉林省・黒龍江省の三省を含む地域を指します。日本とも特に関係の深い地域です。内モンゴル自治区は中国北西部にあり、モンゴル共和国と境を接しています。また、チベット自治区は中国西部にありインド共和国と境を接しています。後に述べる中－低温熱水系が存在しているのは、中国東北部の吉林省から遼寧省にかけての地域とさらに南部の福建省から広東省を経て海南省（海南島）に至る地域です。

(2) 地熱・温泉

地熱とは地殻浅部に存在する熱源――マグマ――によりその上部にある水を含んだ地殻が暖められ、対流現象を起こし、さらに浅部に高温の熱水あるいは蒸気として貯められたものを指します。そして、その一部が地表にも出てきて、地表で噴気孔や温泉（火山性温泉と言います）が形成されるのです。これらの自然の熱と水の流れのシステムのことを熱水系[3]と呼びます。なお、温泉の中には、特にマグマの熱は関与せず、地下深くに浸透した雨水が周囲の岩石に加熱され、再び地上に現れたものもあり、これを非火山性温泉と言います。実は中国ではこのタイプの温泉も重要です。

中国ではどこにどのような温泉があるのでしょうか（図3）。まず、東北部を見てみることにしましょう。実は前に述べた玄武岩質火山地域には火山性温泉は全くと言ってよいほどありません。新しい火山活動があるのに何故？と思われるでしょう。火山性温泉のでき方を前に述べましたが、火山性温泉ができるためには、地殻浅部に熱源――マグマ――が存在することおよび対流を起こさせるような地殻内の水を含んだ割れ目が必要です。どうやら、中国東北部には地殻に割れ目はあるようですが、地殻浅部（数キロメートル深）にはマグマなどの特別な熱源はないようなのです。

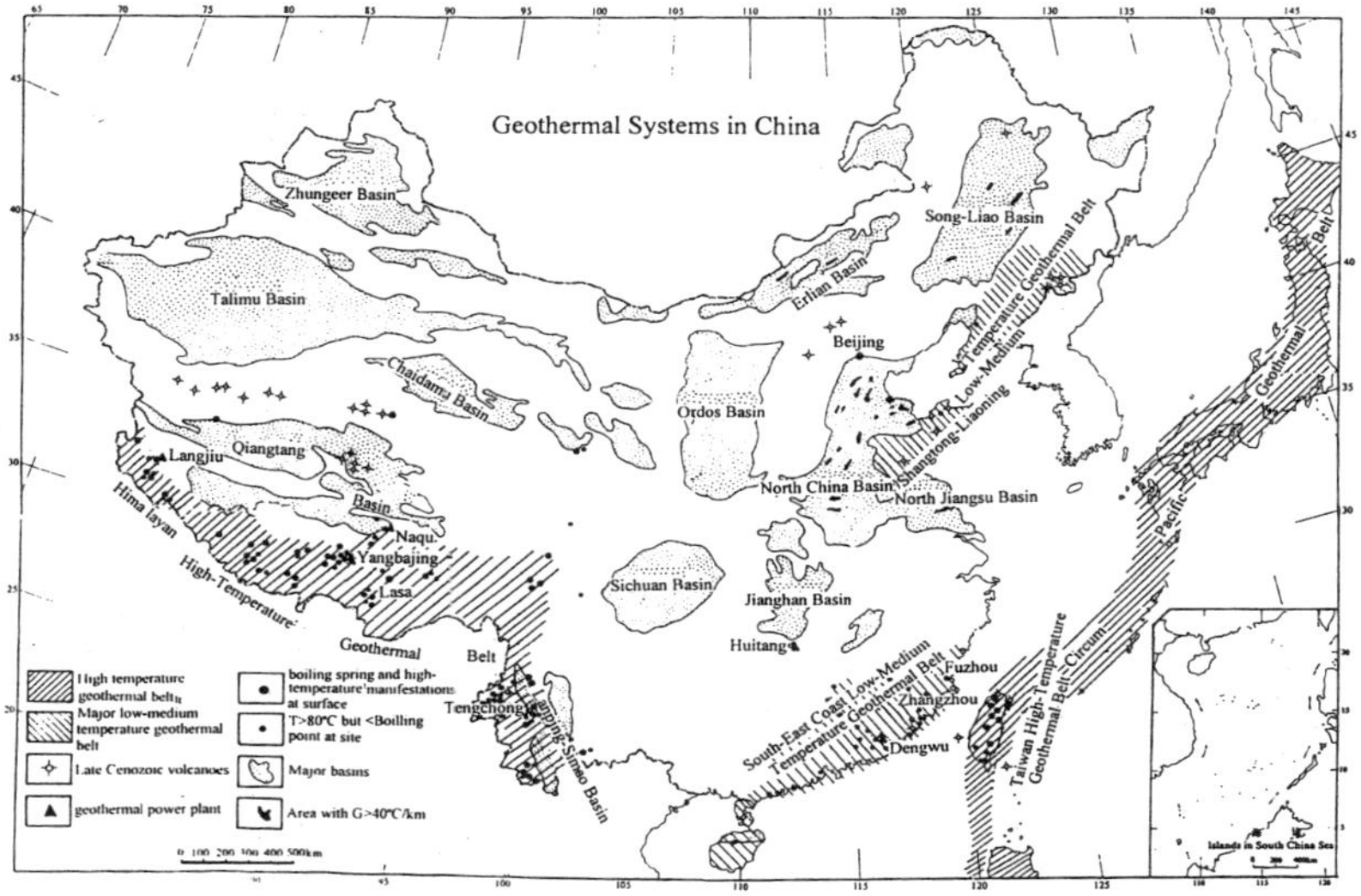

図 3　中国の地熱系の分布。左下がりの斜線は高温地熱系（火山性），右下がりの斜線は中・低温地熱系（非火山性）を示す（Wang Jiyang ed., 1996）。

詳細は第二章で述べますが、その理由として、次のようなことが考えられます。上部マントルで生成された玄武岩質マグマは粘性が低く、サラサラしており、地殻中に割れ目が形成されると容易に上昇すると考えられています。しかしどうやら、地上に噴出後、残りは地下深部に戻ってしまい、地殻浅部には留まらないらしいのです。すなわち、噴火後熱源としての機能を果たさないのです。これに関して、実はこんなことも知られています。これはわが国の代表的な玄武岩質火山伊豆大島三原山の一九八六年噴火の時のことですが、噴火活動終末期にマグマが地下に戻る（マグマのフォールバックと言います）ときに起きた噴火あるいは微小な震動の発生が知られています。玄武岩質火山ではマグマのフォールバックが多くの地域で起こっているのかも知れません。

玄武岩質火山地域で地熱・温泉活動があまり活発ではない理由としてもう一つ考えられます。玄武岩質マグマが地殻に貫入するときは、球体のような三次元的な塊ではなく、二次元的な薄い板状のものと推定されています。これをダイクと呼びますが、これは火山地域で実際によく観察されます。「薄い」ということは熱的には冷えやすいということを示しています。すなわち、地殻浅部にダイクが貫入しても、周囲の地殻を十分に暖めることができないので、対流を発生させることができないと考えられます。これらが、中国東北部の玄武岩質火山地域に地熱・温泉活動が見られない理由と考えられます。

　実は、このようなことは中国東北部だけではなく、地球上の玄武岩質火山に伴う地熱・温泉活動はとても稀です。玄武岩質マグマが繰り返し貫入し、新たな地殻を形成そして成長させている、海嶺（海底の大山脈）が海面上に現れたアイスランドは例外と言えます。アイスランドでは玄武岩質火山が中心ですが、活発な地熱・温泉活動が見られます（ただし、詳細に見ると、安山岩質・流紋岩質火山岩も見られ、これらが地熱活動の原因になっているものもあります）。

　このようなわけで、中国東北部では新しい玄武岩質火山活動が活発ではあっても、残念ながら地熱・温泉の発達は見られないのです。しかしながら、唯一の例外と見られるものがあります。それは中国・北朝鮮国境にある玄武岩質複成火山[4]長白山（白頭山）北側山腹にある長白温泉です。泉温は八〇℃で、湧出量一日約六、五〇〇キロリットル、放熱量として二〇メガワット（MW）というかなりの規模の温泉活動が見られます。たとえば、わが国有数の温泉地である別府温泉の場合、一日五〇、〇〇〇キロリットル、放熱量にして約三五〇メガワットで、これに比較すれば小さいのですが、湧出量からみると長崎県の小浜温泉に匹敵する量です。長白温泉の場合はかなり限られた面積からの湧出であり、またすべて自然湧出であることを考えると、温泉活動の規模としては決して小規模ではないと言えます。

それではその温泉活動の熱源はいったい何かという疑問が湧くと思います。長白山は玄武岩質火山だったはずです。しかしどうやら、最近一万年前以降には玄武岩質火山活動ではなく、粘性の高い粗面岩質火山活動（粘性的には安山岩から石英安山岩に相当すると考えて下さい）が生じていたことがわかっています。わたしたちは、粗面岩質火山岩を噴出したマグマ溜りが地殻浅部に存在するのではないかと推定しています。これについても、第四章で詳しく述べることとしたいと思います。

それでは次にアルプス―ヒマラヤ造山運動に関連した火山活動に伴う地熱・温泉活動を見てみることにしましょう。チベット地域および雲南省騰沖《トンチョン》地域のものに注目してみたいと思います。チベット地域にはすでに述べたように温泉湧出地点が三、〇〇〇ヵ所以上あると言われています。もっとも、チベット地域の面積は日本列島をすっぽり含んでしまうほどの面積があります。なお、日本の温泉・鉱泉地数（湧出地点数ではありません）の合計は三、八六五ヵ所あると言われています（一九九二年現在）。

チベット地熱地域の中には、温泉活動や噴気活動だけでなく、間欠泉活動、広範囲の地熱変質帯等各種の地表地熱徴候の存在を示すものもあり、エネルギー資源としても有望視され、(5)

チベット自治区の省都ラサ市の西方約九〇キロメートルにある羊八井《ヤンバージン》地熱地域ではすでに地熱発電所（発電設備出力二四、〇〇〇キロワット＝二四メガワット）も建設されています。これについては詳細を第六章で述べることにしたいと思います。

一方、騰沖地域でも活発な温泉活動が見られ、地熱調査が進展しつつあります。火山性温泉の典型的なものと考えてよいと思います。しかし残念ながらわれわれはこの地域は訪れていないのでここではこれ以上触れないことにします。

さて、これまで火山性の地熱・温泉活動について述べてきましたが、実は中国には非火山性温泉がたくさんあります。火山性温泉は一般に温度が高く、高温熱水系に分類される一方、非火山性温泉は一般に温度が低いため、中—低温熱水系に分類されています。そして、この中—低温熱水系は中国東北部の吉林省から遼寧省にかけての地域と、さらに南に下った福建省から広東省を通り、海南省（海南島）に至る地域の二つに大別されます。これらの地域の地殻熱流量[6]は一般に通常の値からやや高い程度の値であり（六〇mW（ミリワット）／㎡から八〇mW／㎡程度）、透水係数[7]が通常の地殻より著しく高くない限り、地殻中における熱水の上昇（対流）は発生しません。このような熱的条件でも温泉の湧出（温泉水の地殻内の上昇）が生じるためには浅部地殻の透水係数が非常に大きいことが必要となります。たとえば、吉林省から遼寧省にかけての温泉地域の断層分布をみると、温泉は断層上か二つの断層の交点に存在していることがわかります。すなわち、断層に沿う岩石は破砕が進行し、高透水性になっており、熱水が上昇し、温泉が発達していることが理解されます。

　中—低温熱水系ではマグマのような特別な熱源がないために、地下における水の流動は非常にゆっくりしたもので、数値モデル[8]による検討によれば、降った雨が地下数キロメートル深にまで到達し、再び地上に現れるまでに一〇〇万年以上かかる場合があると見積もられています。すなわち、このような非火山性の温泉の形成には非常に長い時間が必要なわけです。もしわれわれが過剰に温泉水を汲み上げてしまえば、一〇〇年もしないうちに温泉が枯渇してしまうこともありえます。自然の恵みを長期間にわたって維持していくためには、自然のシステムの十分な理解に基づいた管理が必要なことがわかると思います。ちなみに、マグマの熱によって駆動された高温熱水系（高温熱水対流系）が発達するには一万年以上の時間が必要なことを計算から確かめることができます。いずれにしても熱水系の発達には長い時間がかかるものであり、自然のシステムを十分理解して、後世の人も自然の恩恵を十分受けることができるようにするという態度が必要であることがよく理解されると思います。

2　プレートテクトニクス・プリュームテクトニクスと中国大陸

すでに説明しましたように、地球表層の地殻活動（火山活動・地熱活動・温泉活動もその一つ）はプレートと呼ばれる厚さ一〇〇キロメートル程度の岩盤が相互に運動することによって生じるものと現在では考えられています。中国大陸はユーラシアプレート（大陸プレート）の上に載っています。このユーラシアプレートを目指して、東からは太平洋プレート（海洋プレート）、南東側からは少し小さいフィリピン海プレート（海洋プレート）が、そして南側からはインド大陸を載せたオーストラリアプレート（大陸・海洋プレート）が集まってきています。海洋プレートは大陸プレートより重い（密度が大きい）ため、海洋プレートと大陸プレートが移動してきて会合すると、海洋プレートが大陸プレートの下に潜り込むことになります。ところが、大陸プレート同士あるいは海洋プレート同士が会合するとどちらも沈み込むことができず衝突した状態になります。中国大陸の周辺では、大陸東縁辺（日本列島側）では大陸プレートの下に海洋プレートが沈み込んでおり、大陸南縁辺（インド側）では大陸プレート同士が衝突しています。従って、大陸東縁辺のテクトニクスは比較的穏やかなのに比べ（それでも、大西洋を構成しているプレートの縁辺よりはとても活発と言えます）、大陸南縁辺のテクトニクスはヒマラヤ山脈・チベット高原に代表される地殻活動が極めて活発な地域となっています。

プレートテクトニクスからも予想されるように中国大陸には周辺からプレートが集まってきています。現在では、これらの現象はもっと大きな枠組みから理解されています。その枠組みというのがプリュームテクトニクスと言われる考え方です。プレートテクトニクスは地表から数百キロメートル程度の深さまでの地球の動きに関する考え方ですが、プリュームテクトニクスはさらに深部、マントルと核の境界に相当する深度（深さ約二、九〇〇キロメートル）までを含み、この深度から高温マントル物質が上昇し（上昇する物体をプリュームといいます）、地球浅層ではプレートテクトニクスとして機能し、沈み込んだ物質はマントル中をさらに沈み込み、やがてはマントル・核境界にまで達するという大規模な物質循環を想定し、これによって、全地球（といっても今のところ核を除いた全地殻・マントルが対象）のいろいろな現象を統一的に説明しようとする壮大な考え方です（図4）。このような考え方に立つと中国大陸は、集まってきたプレートがマントル奥深くまで沈み込む（冷たいプレートの塊が沈み込んでいくことからコールドプリュームと呼ばれています）地域と言うこ

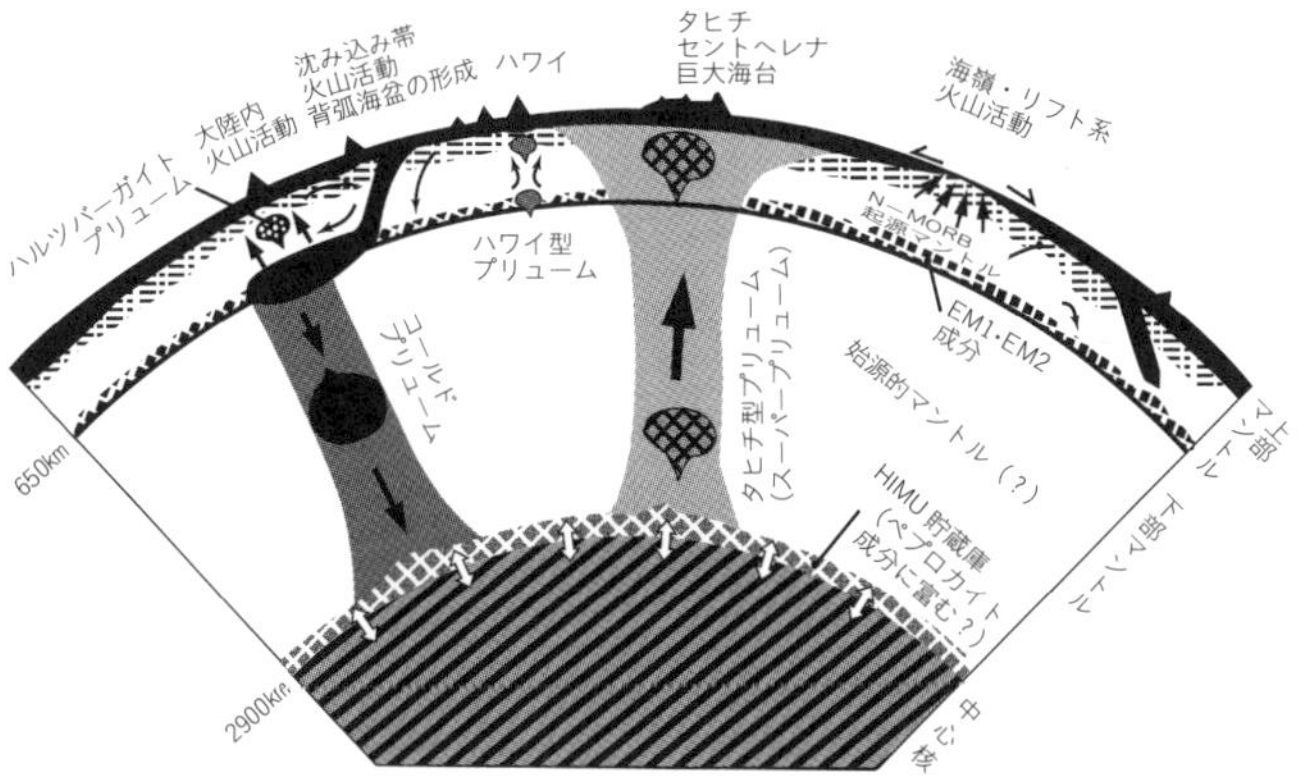

図 4　プリュームテクトニクス模式図。図中左側に「大陸内火山活動」とあるのが中国東北部の玄武岩質火山活動に対応している（巽，1995）。

とができます。現在のプリュームテクトニクスの考え方によれば、中国大陸に向かって沈み込むプレートは、プレートと周囲の岩石との密度のバランスから、いったん深さ六五〇キロメートル深程度に滞留し、そして時々（何億年という地質学スケールで）そこを突き破ってマントル深部に落下していくと考えられています。このように中国大陸の下では、マントル物質は基本的には落下する傾向にありますが、すでに述べましたように、中国東北部に広範囲に存在する玄武岩質火山活動の存在から上部マントルでは高温物質の上昇も生じていると考えられます。

3　日本列島の火山・地熱・温泉との比較

さて、中国大陸の火山・地熱・温泉とその背景になっているプレートテクトニクスさらにプリュームテクトニクスについて説明してきましたが、ここで日本列島のそれらと比較することで、まとめとしたいと思います。

日本列島下には太平洋プレートおよびフィリピン海プレートという二つの海洋プレートが日本列島を載せたユーラシアプレートの下に沈み込んでいます。そして、その沈み込みによって、火山活動・地熱活動・温泉活動を含む各種の熱的地殻活動が起こっていると考えられています。火山・地熱・温泉活動の発生メカニズムは相互に関連しており、以下のように考えられています。

沈み込んでいる海洋プレートはその上部の岩石中の鉱物の一部（含水鉱物）に水を含んでいます。含水鉱物中に含まれている水は一定の深度になると、安定条件がくずれ、鉱物から抜け出てきます（脱水すると言います）。沈み込む過程において、プレートの深さが一一〇キロメートル位になると脱水が発生します（実はもう少し深い一七〇キロメートル深程度で二度目の脱水が起こっているところもあります。日本列島では東北地方がその例で、火山列が二列——鳥海火山帯と那須火山帯——に分かれています）。分離された水は上昇し、その上部にあるマントル中に供給されます。もともと高温ではあったが溶けるには至っていなかった上部マントル岩石は水が加えられると融点が下がり、融解を始めます。すなわちマグマのもとが作られます。最初は小さかった溶融物もやがて集積して大きくなり、上昇を開始します（これもプリュームと呼びます。玄武岩質と考えられます。プリュームは密度のバランスからいったん地殻の底（深さ三〇キロメートル程度）あたりに留まることが考えられています。それによって地殻を加熱することになります。また、一部は地殻中に貫入することもあると思います。このようにして、地殻は次第に加熱され、今度は地殻中に融解が発生します。地殻上部は珪酸分（SiO_2）の多い岩石から構成されています。すなわち、地殻上部が溶けると安山岩質から流紋岩質にまでわたるマグマが生成されることになります。これらのマグマが地表に噴出したのが火山ということになります。そして、地殻上層（数キロメートル程度）に留まったマグマは次第に冷却していきますが、周囲の岩体からすると、加熱されることになります。

地殻上層の岩石は一般に割れ目が発達しており、そこは水で飽和されています。岩体が加熱されるとともに、含まれる水も加熱されます。加熱された水は膨張し、密度が軽くなります。水は上昇しようとしますが、粘性があるのですぐには上昇できません。しかし、さらに加熱が続けば、粘性に打ち勝って、水は上昇することになります。加熱された水が上昇するとそこには隙間（圧力の低下）が生じることになります。その結果、周囲の冷たい水が補給されてくることになります。すなわち、対流現象が始まります。一部の蒸気・熱水は地表から流出し、地熱徴候としてわれわれは見ることができます。マグマからの熱が十分あればその対流が十分長期間続くことになります。寿命が長いものでは数十万年以上はこのような対流が継続します。実際に地表の地熱活動がその程度の長期にわたって続いていたことが証明された例があります。

以上のように、日本列島ではマグマの生成、上昇、地殻上部での定置、周囲岩石の加熱、対流現象の発生、一部蒸気・熱水の地表への流出という典型的な火山―地熱―温泉生成プロセスが進行しています。日本列島におけるこれらのプロセスと比較してみると中国大陸の火山・地熱・温泉生成のプロセスの特徴が理解されると思います。

税関で取り上げられた観測機器

中国に調査に出かけた初期の頃の話です。数百万円という高価な測定器を肩に担いで税関を出ようとしました。以前に通関した時には、何も言われなかったので、そのまま通りすぎようとすると、その時は通関する人も少なかったためか、運悪く呼び止められてしまいました。先方は当然中国語で聞いてきます。こちらはほとんどわかりません。しかし、要求されていることはおおよそわかります。そこで、中国の共同調査機関からの招待状、共同研究の協定書等を見せますがらちがあきません。結局測定器は没収されてしまいました。青くなった顔で急いで税関を出て、迎えに来ている中国側研究者に事情を話しました。今度は中国側共同研究者が交渉をはじめました。調査終了後、測定器を必ず国外（日本）へ持ち帰ることが重要な点でした。共同研究者は必ず持ち帰るので心配ないと説明しますが税関は受け付けてくれません。最終的に、測定器の価格の一〇分の一の現金を保証金として供託すれば中国国内に入れてもよいということになりました。しかし、まずいことに、交渉の途中で価格が数百万円であることを言ってしまいました。とても数十万円もの現金は持っていません。中国側に一時立て替えてもらうにしても、中国ではものすごい大金です。その場では解決することができず、測定器を没収されたままでその場は引き下がりました。

その後、中国側共同研究者の大変な努力で、ある公的機関から一時的に数十万円に相当する中国元を準備してもらいました。そして、再び税関に行き、現金を供託して、測定器を返してもらい、やっと調査を行うことができました。帰国時の空港でも大変でした。測定器を確かに航空機に積んだことを航空会社に証明してもらい、その証明書をもって、供託金を返してもらったのです。供託金が無事に戻ったことを知らされたのはもちろん福岡に帰った後です。それを聞くまでは非常に心配しました。大金である供託金が何らかの事情で戻らないようなことがあれば、その影響は計り知れないからです。

第二章　中国東北部の地殻熱流量と深部熱構造

1　地殻熱流量調査のきっかけ

中国吉林大学（一九九二年当時は長春地質学院）地球物理系の金旭教授が九州大学の地熱研究室に滞在したのは一九八八年五月から翌年五月までの一年間でした（この「翌年五月」はいわゆる「天安門事件」が発生した時であり、金教授（当時は講師）が北京空港に着くと北京は騒然としており、すぐには長春には帰ることができなかったそうです）。この間、九州における地殻熱流量に関する共同研究を行うとともに、中国における地熱調査の計画をいろいろと相談しました。その手始めが「中国東北部における地殻熱流量に関する研究」でした。折しも、中国では広い全土の中から地学的に重要な地点を選び、地球科学の総合的研究を進展させる計画が進行しつつありました。その中の一つに、中国東北部の「満洲里—綏芬河《すいぶんか》地学断面」が取り上げられ、地質学的研究や地震学的研究をはじめとする各種の地球科学的研究が行われることとなりました。その中で「地殻・上部マントルの熱的構造の研究」を長春地質学院（現吉林大学）と九州大学とが共同で行うことになったのです。

2　フィールド調査

陸上における地殻熱流量の測定は、ボーリング孔を利用した温度測定に基づく「地温勾配の決定」と温度測定を行った地層を構成する岩石の「熱伝導率（熱の伝えやすさを表す物理量）の測定」とからなります。そして、「地温勾配」と「熱伝導率」の積から地殻熱流量が求められます。この地殻熱流量の測定は、陸上では一九三九年に始められ（南アフリカでの測定が最初と言われています）、そして、海底での測定は一九五〇年に初めて信頼のおける値が得られたと言われています（太平洋において測定されました）。現在でも世界中の研究者が新たな測定値を発表し続けています。現在、地球上にある地殻熱流量測定点数は二〇、〇〇〇点近くになっているのではないかと思われます。随分たくさんの測定値があるように思われるかも知れませんが、地球の表面積は約五億平方キロメートルですから、おおよそ二五、〇〇〇平方キロメートルに一つの測定値があることになります。この割合でいくと、日本列島上で言えば、一五地点になります。日本列島上に一五個の測定値、これではなかなか詳しいことはわからないことが想像できると思います。実際には、地学的興味とその地域の

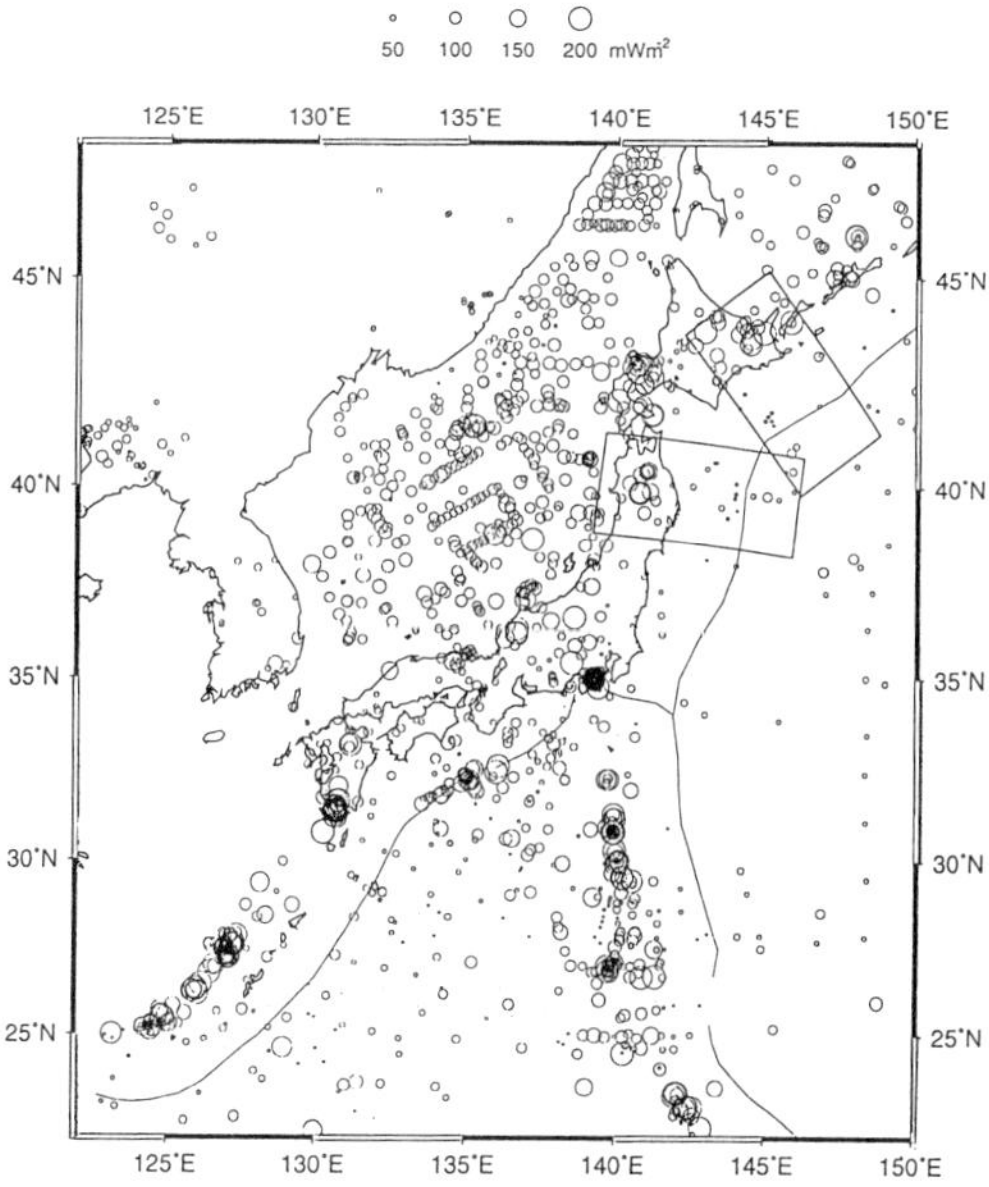

図 5　日本列島周辺の地殻熱流量分布。白丸の直径が大きいほど熱流量が大きいことを示している（Yamano, 1995）。

研究者の努力により、観測点密度が極めて高い地域もあります。実は日本列島周辺がそうです。図5に示す範囲には約一、五〇〇点の測定値があります。日本列島周辺は世界で最も測定密度の高い地域と言えます。その結果、プレートの沈み込みに伴う熱的構造研究の格好の対象となり、日本人研究者だけでなく、外国人研究者も、日本列島周辺の地殻熱流量分布をプレート沈み込み地域の代表的研究材料としています。

実は図5にも、中国東北部地域は入っています。しかし、地殻熱流量測定値がほとんどないことがわかります。地学的には非常に興味がある地域です（すでに述べたように、下部マントルでは巨大なコールドプリュームが落下している一方、上部マントルでは玄武岩質火山活動が広範囲に広がっており、高温物質の上昇が期待される）が、地殻熱流量データはほとんどありませんでした。「この地域の地殻熱流量分布を決めてやろう」これが調査研究の出発点でした。

満洲里―綏芬河《すいぶんか》測線の長さは約一、五〇〇キロメートルです。地殻熱流量測定のためにはまずボーリング孔を捜さなければなりません。ボーリング孔は一、〇〇〇メートル掘ると一億円くらいかかります。地殻熱流量を決めるためには少なくとも五〇〇メートル程度の深さが欲しいのです。それでも数千万円は必要です。このことは、ある地点で地殻熱流量を決めたくても通常それはできない相談であることがわかります。そのために、他の目的（多くは石炭、石油あるいは鉱物資源探査用）で掘ったボーリング孔を使わせて頂き温度を測定することになります。そこで、まずボーリング情報集めから始めなければなりません。過去に掘られ、かつ現在でもボーリング孔が残っていなければなりません。また、現在掘られている

写真1　ボーリングにより得られた地下の岩石（ボーリングコアと言う）

ものは、安定な地層温度を得るためには、ボーリング孔掘削後一定の日数を置かなければなりません。また、ボーリングコア（ボーリングによって取り出された岩石、普通は柱状（写真1））も得られていることが必要です。あるいはまた、ボーリング孔掘削後温度が測定されているが、データはそのまま埋もれているものもあるかも知れません。このような各種のボーリング孔の情報を集めることがまず必要ですが、この作業は並大抵のことではありません。この情報収集は中国側共同研究者の金教授にすべてお願いすることになりました。

次の準備はボーリング孔内温度測定器です。これはそれ程高価なものではありませんが、山奥でも担いでいけるポータブルなものでなければいけません。深さ五〇〇メートルまでは測りたい。これは日本側で準備することになりました。先端に小さな耐水圧容器に入れた温度センサー、そして長さ五〇〇メートルのケーブルを取り付けます。それをドラムに巻き付けると、相当な重さになります。まさに、肩に食い込むといった表現がぴったりです。これを持って中国行きの飛行機に乗り込んだのです。

ボーリング孔情報とこの温度測定器、そして生活物資を車に積み、長春を出発することになりました。車は旧ソ連製の小型四輪駆動車です。小柄な中国人運転手王さん、金教授そして、著者の一人江原の三人のフィールド調査が始まりました。大きなプロジェクトの中の一調査であり、研究費はあってもわずかなものです。生活費を切りつめなければなりません。とても外国人観光客が泊まるようなホテルには泊まれません。まさに木賃宿というべき最低レベルの宿がほとんどでした。風呂はなく、食事もついていません。ただ、寝るだけです。ある時は窓が一つもない部屋に泊まりました。翌朝、なかなか起きられません。暗くて朝になったことがわからないのです。風呂代わりにときどき川に入り体を洗いました。日本のように澄んだ流れはあまりありません。それでも水につかりました。ぬれたシャツは車で干しながら走りました。食事も田舎の小さな食堂で取りました。メニューのほとんどは肉と野菜の油炒めでしたがおいしかった。ビールはぬるかったが生水を飲むより良かった。健康保持

（消毒）のため食前には必ず生のニンニクを数個かじっていました。三度の食事ともです。さすがに、日本へ帰る数日前にはニンニクはやめましたが。一番困ったのはトイレです。これは言語に絶するものがありました。しかし、そんな調査旅行でしたがいやになったことは少しもありませんでした。何でも楽しもうと思ったのです。どうやら金教授はそのままの中国の姿を日本人研究者に知ってもらいたかったようでした。

唯一の悩みは、データがきちんと取れるだろうかと言うことでした。事前のボーリング孔情報はその場に行かなければ本当のところはわからないものばかりでした。本道から何キロメートルも脇道へ入って、目標とおぼしき地点に到着しましたが、現地ではそんなものは知らないということも度々でした。でもこんなこともありました。目星をつけた地点で、ボーリング孔を捜していると、付近の畑で作業している人がやって来て、一緒に捜してくれ、トウモロコシの茂る広い畑中を運転手の王さんを含め四人であちらこちら探し回ったあと、やっと数十センチメートルだけ地上に頭を出しているボーリング孔を見つけた時には、ほんとうに文字通り「地獄で仏」に会ったような思いがしました。掘削後何年も放置されているボーリング孔ほど温度測定のためにはよい条件となっています。思わず笑みがこぼれてきてしまいます。早速、温度センサーをボーリング孔内に降ろします。センサーを五メートル間隔程度で止めては温度を測定します。測定しながら温度をグラフにプロットしていきます。データの質がよいかどうかはすぐわかります。深度が増してくると、温度勾配に予想がついてきます。岩石の熱伝導率は、地層が推定されていればおおよそ見当がつきます。すなわち、温度センサーが下がるにつれて、この地域の地殻熱流量の値に予想がつきます。「〇〇mW／m²位ですね」。詳細な数値は、温度勾配を計算し、岩石の熱伝導率を測らなくてはなりません。しかし、この瞬間、すべての苦労が報われます。「〇〇mW／m²」という単なる数値ですが、これがこの地点の地球深部から地表に向かう熱の流れなのだと思うと何とも言えない喜びが湧いてくるのです。

温度センサーが孔底につくと、今度は引き上げなければなりません。これがまた大変な作業なのです。電動ウィンチがあれば何の苦労もないのですが、手動で巻き上げるのです。滑車を介して全員で巻き上げます。ケーブルの被覆を傷つけないように慎重に引き上げなくてはなりません。何度も休み、何度も役割を交代しながらやっとのことで温度センサーの引き上げが終了します。無事戻ってきた温度センサーには「ご苦労さん。よく戻って来てくれたな」。心の中ではそんな声をかけます。

ある時はこんなこともありました。ロシア国境に近いかなり北部の地点でした。そこは銅鉱床探査地域でした。老地質学者が一人で基地を守っていました。七月末の暑い日でした。こんな北方でも真夏には三〇℃を超えます。測定を開始しました。温度センサーはするすると下がっていきます。しかし、どうも変なのです。測定される温度が余りに低いのです。摂氏一℃程度から始まり二〇〇メートルを過ぎても五℃をやや超える程度なのです。長い間日本の各地で地殻熱流量測定を行ってきましたがこんな低温を経験したことはありません。センサーが故障したかと思い、地上に引き上げて気温を測ってみると別の温度計と同じ温度を示しています。故障ではなさそうです。そして、再び温度センサーを降ろします。また、同じ低い温度を示すのです。気がついてみると当たり前のことでしたが、この地点の年平均気温は〇℃に近いのです。地温勾配が二℃／一〇〇メートル程度であれば、二〇〇メートル深で五℃を超えなくても何の不思議もないのです。後でわかったのですが、老地質学者は井戸を持っており、そこではスイカなどを冷やしていました。そして、何と井戸の底には氷があったのです。ボーリングコアは屋根だけの小屋に横たわっていました。老地質学者の話を聞きながら、数メートル間隔ごとに岩石試料のサンプリングを行いました。車の中はボーリングコアで次第にいっぱいになっていきました。

こんな具合いで、一つとして、容易な測定点はありませんでしたが、データは少しずつ増えていきました。すでに述べましたが、現場で得られる測定値は論文で発表するような正確な値ではありませんが、現場にいても地殻熱流量値のおおよその見当がついてきます。「満洲里—綏芬河測線」に沿う地殻熱流量プロファイルが次第に目に浮かんでくるのです。こんな時は自然と顔がほころんできます。

偽満皇宮博物館

長春市にあります。旧満洲帝国の王宮跡を利用して当時の王宮の内部を再現して展示すると共に、旧日本軍（関東軍）の中国における行為について展示されています。旧満洲帝国がどのように建設されたかなど、当時の写真などにより詳細に紹介されています。また、最後の皇帝溥儀の変化に富む一生（幼少の中国最後の皇帝時代から、満洲帝国の皇帝を経て、中華人民共和国で裁判を受けた後、最終的に復権されるまで）も紹介されています。この博物館では、直接的な軍事的被害だけでなく、多くの資源（石炭や金などの地下資源、木材資源、農産物などの食糧資源等）が中国本土より、日本本土へ運ばれたことが示されており、これは意外と知られていない事実ではないかと思われます。戦争あるいは帝国主義の本質を如実に示す一面と思われます。

3　満洲里―綏芬河《すいぶんか》測線に沿う地殻熱流量

図6に、測定された地下温度分布のいくつかの例を示しました。いずれも苦労の結晶です。得られた温度分布の中には、浅い地層内の地下水流速が速く、地殻熱流量の決定には残念ながら不適当なものもあります。また、ボーリング孔掘削終了後時間が十分経過しておらず、やはり地殻熱流量決定に利用できないデータもあります。残念ですが仕方ありません。岩石の熱伝導率の測定には北京にある中国科学院地質研究所地熱研究室の協力を得ました。

このようにして、三年間にわたって行われた調査によって新たに三五点の地殻熱流量値が決定されました。測定点の位置を図7に示しました。設定された測線に沿って均等にデータが得られたわけではありませんが、もともとボーリング孔のある位置が不均質であるためやむを得ません。このあたりが「フィールド実験科学」が「室内実験科学」あるいは「数値実験科学」とは大いに異なる点です。「フィールド実験科学」では測定地点の選択等において自らコントロールできる面が多くなく、与えられた条件を最大限に生かしていくしかありません。このようなことは、学会で他の研究者の発表を聴いている時によく気がつくことです。

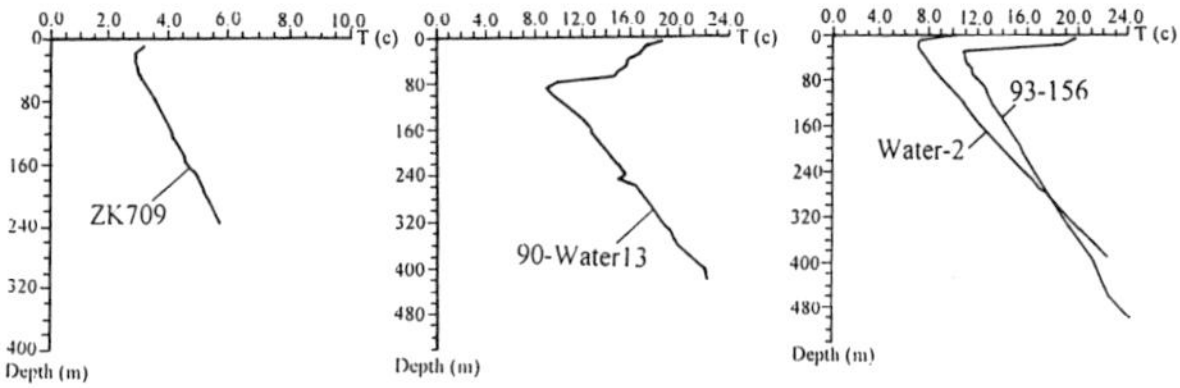

図 6　地下温度測定例（左下がりの部分はボーリング孔内空気中の測定で，右下がりに転じるところが地下水面で，これ以深のデータを使って温度勾配を決定する）

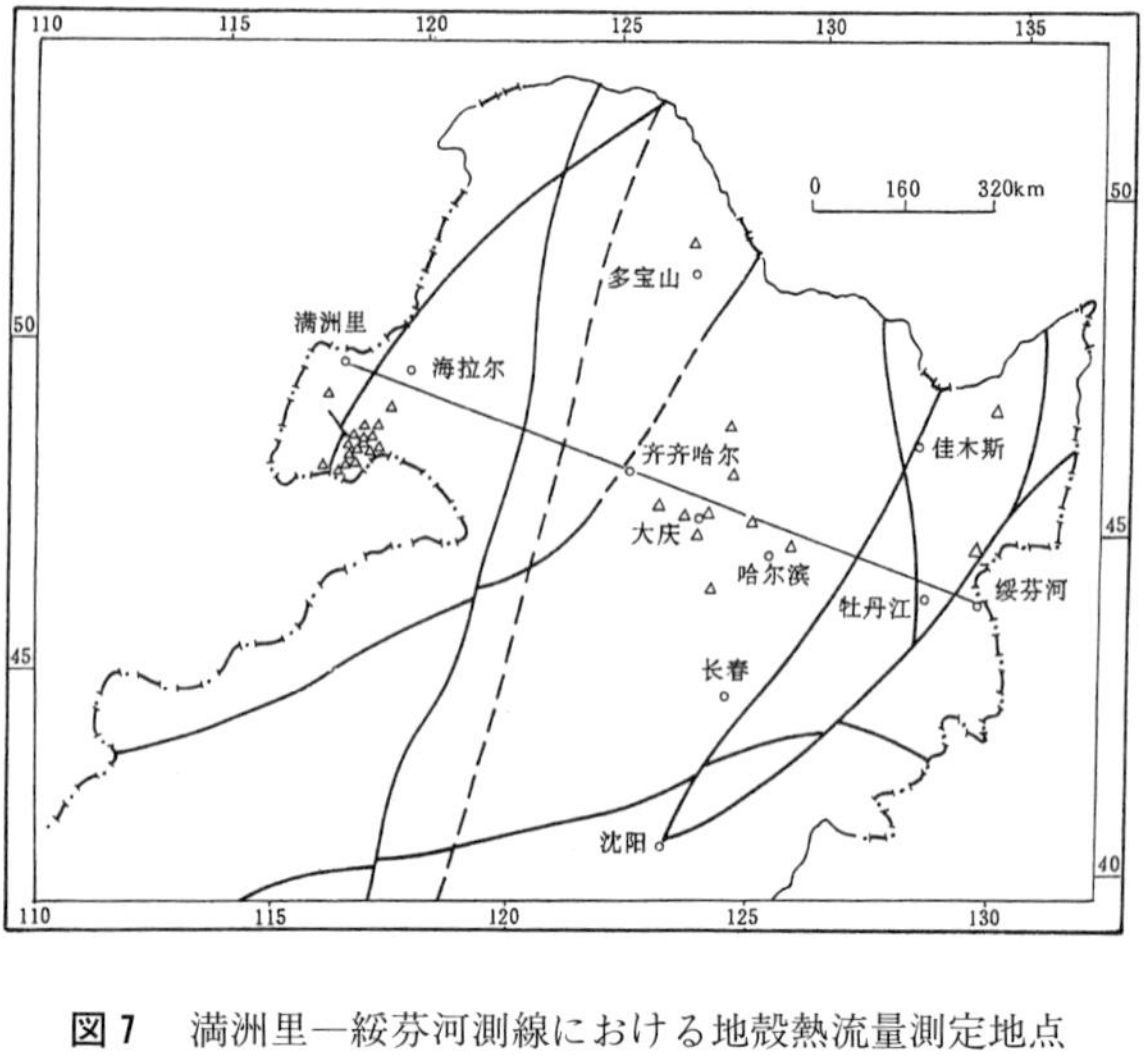

図 7　満洲里—綏芬河測線における地殻熱流量測定地点（図中△の地点）

どうして、もう少し別の地点でも測定しなかったのだろうかと思います。しかし、実際には測定したくても測定できないのです。たとえば、重い装置を使う測定では、山岳地域では登山道に沿ってしか測定が行えないのです。読者の皆さんも、縦横無尽に登山道が走っている山というものを想像することができないでしょう。それゆえ、フィールド科学者はデータの解釈において、いろいろな想像力を働かせねばなりません。ただ、このことは研究者にとって苦痛であるばかりではなく、考えることの楽しさも味わえます。もちろん、データの不均質性に基づく限界を十分わきまえる必要はありますが。

さて、そのようにして得られた満洲里—綏芬河測線の地殻熱流量プロファイルを図8に示しました。たった一本の曲線ですがいろいろのことを物語ってくれるデータです。中国東北部の地殻はいくつかのブロック（地体）に分かれていることが知られています。測線の西側から大興安嶺《たいこうあんれい》地体（地殻熱流量約五〇mW／㎡）、松遼《しょうりょう》地体（地殻熱流量約七〇mW／㎡）、および佳木斯《チャムス》地体（地殻熱流量約五〇mW／㎡）です。地殻熱流量は地体ごとに異なっており、それぞれの構造発達史あるいは地下構造の違いを反映しています。しかし、ここでは細かいことには立ち入らないことにします。

満洲里—綏芬河測線における地殻熱流量はおおよそ四〇～八〇mW／㎡であることがわか

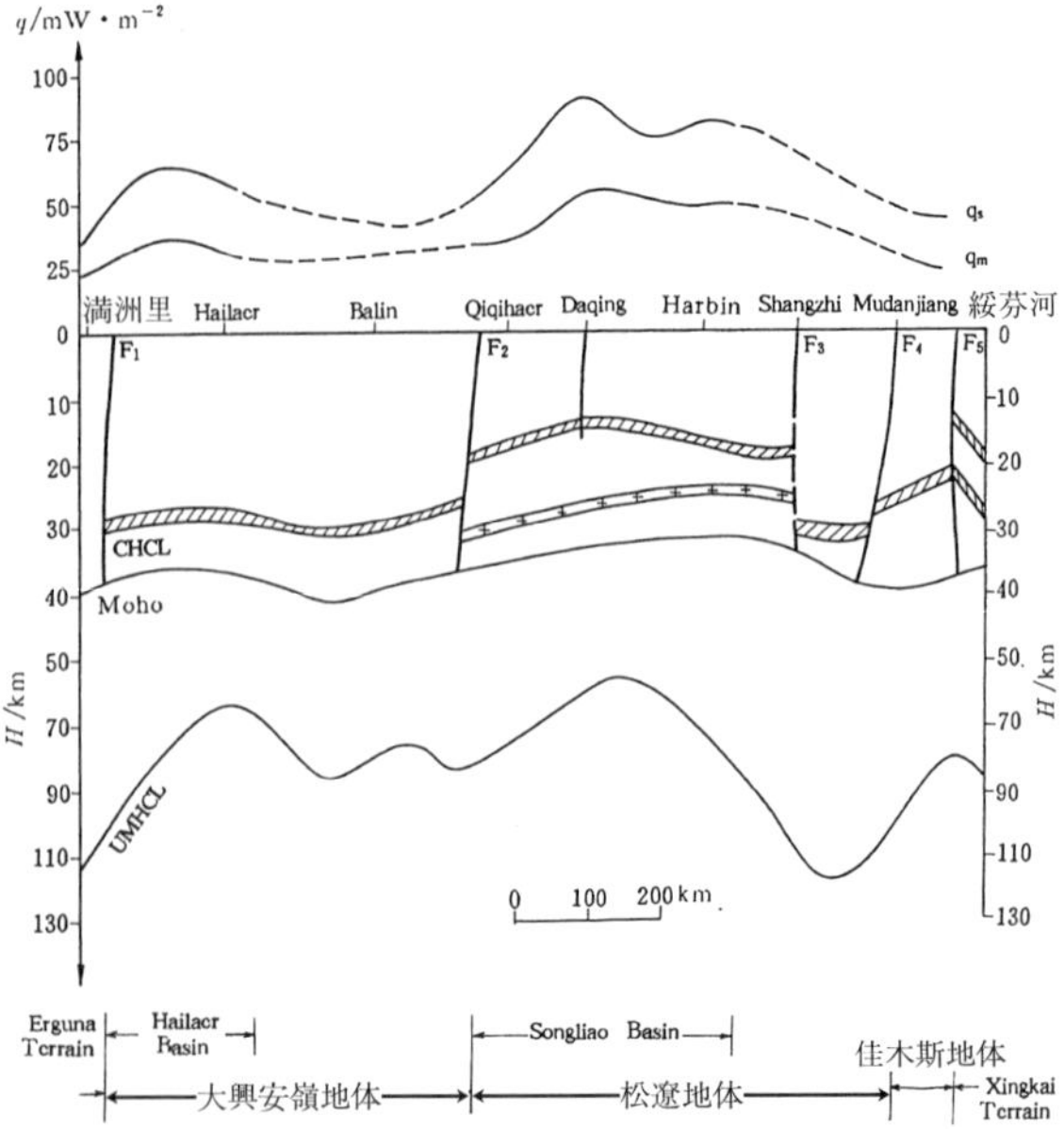

図 8　満洲里─綏芬河測線における地殻熱流量（q_s）・マントル熱流量（q_m）および上部マントル高電気伝導度層上面深度（UMHCL）分布

りました。全測定値の平均値も約六〇mW／m²で地球全体の平均値とあまり変わりません。また、火山地域で見られるような一〇〇mW／m²を超えるような高い値は見当たりません。しかし熱流量プロファイルをよく見ると二つの熱流量値の高い山が見られます。これを地形と対応させてみると盆地構造と対応していることがわかります。

盆地の形成は熱的な問題が絡んでいることを予想させます。

地殻熱流量の中身を考える場合、本地域の場合には二つを考えるとよいと思われます。「地殻内の放射性熱源による寄与分」と「地殻の下のマントルからやってくる熱流量（マントル熱流量と呼ぶ）」の二つです。後者のマントル熱流量がテクトニクス等を議論するのに重要となります。何故なら、種々の地殻活動はマントルから供給される熱に大きく規定されるからです。通常の地域では地殻熱流量のかなりの部分は地殻内岩石中に含まれる放射性熱源（主としてウラン、トリウム、カリウム）の崩壊熱（放射性発熱）に起因していると考えられています。地殻を構成する岩石が何であるかがわかれば放射性発熱量はおおよそ推定できます。個々の地域の地殻構成岩石を知るのはなかなか困難ですが、幸運なことに放射性発熱量と岩石の地震波速度の関係が実験的に知られています。本地域では人工地震探査が行われ、すでに地下の地震波速度分布が知られています。そこで、地震波速度分布から放射性発熱量分布を求め、さらに放射性熱源による地殻熱流量への寄与分を求め、これを観測された地殻熱流量から差し引きます。すると「マントル熱流量」が求められます。それも図8に示しました。マントル熱流量は当然地殻熱流量よりは小さい。しかし、図8をみると、二つの曲線の形がよく似ていることにお気づきでしょう。このことは、地殻熱流量の違いはマントル熱流量の違いをほぼ反映していることを示しています。

4　地殻および上部マントルの温度分布

さらに話を進め、地殻熱流量から地殻内の温度分布を見積もることにしましょう。地下の温度分布を計算するためには、地殻熱流量、地表面温度、放射性発熱量そして熱伝導率の四つが必要です。地表面温度は年平均気温とほぼ同じと考えられます。放射性発熱量分布はすでにわかっています。さて、地殻内の熱伝導率分布ですが、放射性発熱量分布ほど明確な関係式が得られているわけではありませんが、これも地震波速度分布や地質構造を参考にすると推定が可能です。この熱伝導率は何桁も変化する放射性発熱量とは異なり、たかだか二倍以内の変化です。

さて、このような準備ができると計算に入ります。地殻熱流量とは熱が伝導的（熱が二点間の温度差に比例して流れる現象。金属中での熱の流れなどが代表的な例）に流れることを前提にしています。そこで、伝導的に流れる熱を記述する熱伝導方程式を解くことになります。いまの場合、定常状態を考えることにします。定常状態とは温度変化のないことを意味します。地球の長い歴史を考える場合やマグマが新たに貫入したような場合は地下の温度は時間と共に変化していくことを考えねばなりません。しかし、いまの場合はそのようなことは考えなくてもよいのです。もちろん厳密には地球内で起こる現象は定常状態にはありません。しかし、そのように仮定することが許されるということです。言い換えると、たとえば読者の皆さんの家の下の地下数キロメートル深の温度が昨年と今年ではほとんど変化していないと考えてもよいというのと同じです。

地下の放射性発熱量分布や熱伝導率分布が地下のどこでも同じ値を示しているような場合は、紙と鉛筆があれば地下の温度は計算できます。しかし、今の問題のように、それらが場所によって変化する場合には電卓を使っても計算することはできません。そこで、コンピュータが登場します。実際の計算は同じようなことを繰り返し行うことになるわけですが、コンピュータはこれが実に得意です。得られた地下の温度分布を図9に示しました。当然地殻熱流量と同じような形をしています。正確な表現ではありませんが、地殻熱流量を測定することは地殻の温度を求めることとほぼ同義語であるとも言えます。しかし、計算によって、地下の温度が数値として表されることには大きな意義があります。たとえば、ある岩石が与えられた場合、その温度がわかれば、ある力が加わった場合、どのような変形を起こすかを

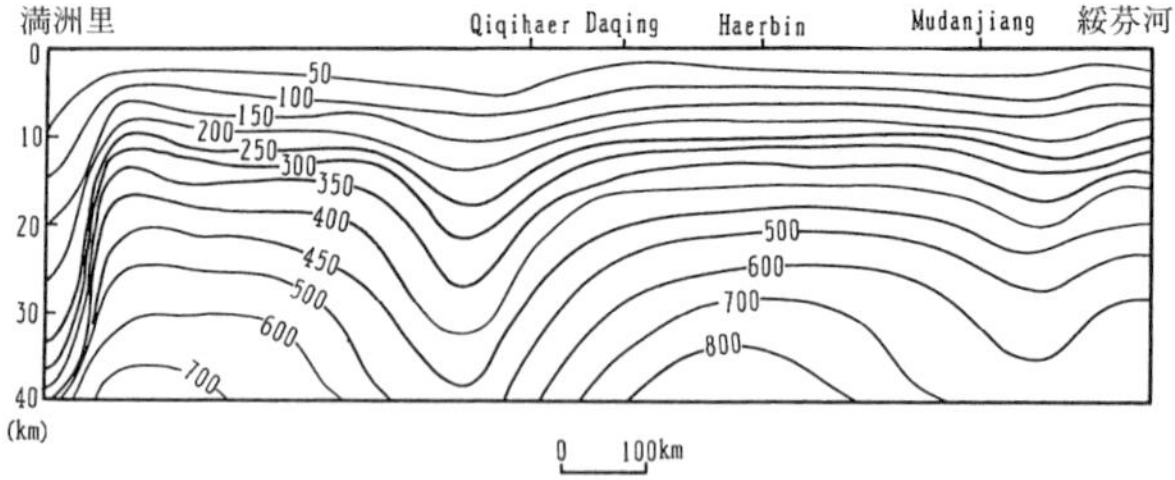

図 9　満洲里―綏芬河測線下の地殻内温度分布（℃）

予想することができます。これは地殻の変形の問題や地震発生の問題にも関連してくるのです。

求められた地殻内の温度は地殻上部（一五キロメートル深程度まで）で三〇〇℃を超えません。地殻上部を構成する花崗岩質の岩石の融点は六五〇～八五〇℃程度です。このことは地殻上部に溶融状態はとても発生し得ないことを示しています。さらに、地殻の底（本地域では三〇～四〇キロメートル深）の温度は六〇〇～八〇〇℃程度です。地殻下部の岩石は玄武岩質岩石であり、その融点は一、二〇〇℃を超えます。従って、地殻下部でも溶融状態は発生しないことが推定されます。

既に述べましたように中国東北部には最近でも玄武岩質マグマが噴出しています。それらの起源深度は一体どれくらいなのでしょうか。図9で示された温度に基づいてさらに深部の温度まで計算してみると、浅い所では約七五キロメートル、深いところでは一五〇キロメートル程度の深さで、上部マントルの岩石（橄欖岩：かんらんがん）が溶けて、玄武岩質マグマが生成することが示されます。どうやら、中国東北部の玄武岩質マグマのふるさとは地下七五〜一五〇キロメートル程度の上部マントルにあることが推定されました。なお、本地域の玄武岩はアルカリ岩に属しますので、融解が始まる深度はもっと深くなる可能性があります。

実はこのような計算結果を別の面から支持してくれるデータがあります（図8を参照して下さい）。地表における地磁気と地電流の変化の観測から、地下の電気伝導度（岩石の電気の通し易さを示す量）分布を推定する手法（MT法あるいは地磁気・地電流法と呼ばれる地下構造探査法の一つ）があります。この方法により上部マントルの電気伝導度の高い層の深さ分布（上面深度）が得られています。上部マントルを構成する主要岩石である橄欖岩の電気伝導度は温度に関係しており、高温になると電気伝導度が高くなることが知られています。また、岩石が融解すると電気伝導度が急に大きくなることも知られています。図8に示されている高電気伝導層の上面の深さを温度を反映したものと見ると、非常に興味深いことがわかります。地殻熱流量あるいは地殻内の温度分布の形と高電気伝導層上面の深さの形が非常によく似ているのです。また、高電気伝導層の上面の深さは浅い所では、約六〇キロメートル、深い所では約一二〇キロメートルです。高電気伝導度層の上面の深度は、地殻熱流量から推定された融解深度よりやや浅目ですが、それぞれの推定精度を考慮すると両者はほぼ同じことを示しているのではないかと考えられます。すなわち、中国東北部の地殻内ではマグマを発生する条件にはないが、上部マントルの数十キロメートル～百数十キロメートル深では玄武岩質マグマを生成する十分な条件にあると言うことができます。

5　深部マントル構造の推定

中国東北部では地上において玄武岩質火山が広範囲に形成されています。そして、これらは地殻の割れ目に規制されているようです。また、中央に盆地状構造が発達しています。盆地地域で地殻熱流量は高い傾向にあります。地表に現れたマグマの起源深度は上部マントルにあります。一方、この地域近辺の上部マントル深部には太平洋プレートが沈み込み、その先端には冷たいプレートが滞留していると考えられています。滞留したプレートは時々さらに深部に落下していくものと考えられています。

以上のようなことを一枚の図に示したものが図10です。これは盆地構造の高熱流量は基本的にはマントル高温物質の上昇によってもたらされたものであり、高温物質の上昇によって

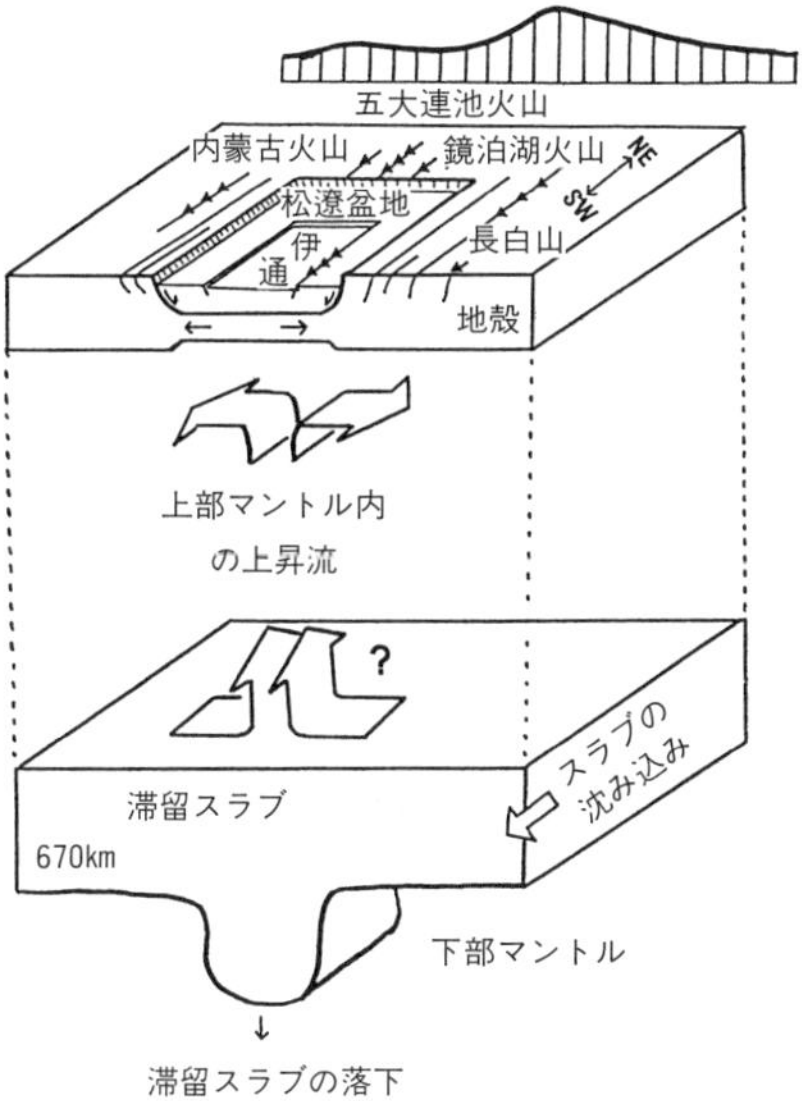

図10　中国東北部の地殻および上部マントルの構造と動きに関するモデル

発生した張力場により盆地状構造が形成されたものと考えることができます。盆地形成と同じ応力場が多くの断層を形成し、これが玄武岩質マグマの上昇通路を準備したと考えました。六七〇キロメートル以深で冷たいマントル物質の下降流が卓越する中で、どのようにして上部マントルに上昇流が発生するのか、そのメカニズムは明らかではありませんが、地殻浅部における張力的構造の発達と広範囲に発生した玄武岩質火山活動を説明するためには上部マントルの高温物質の上昇を考える必要があります。このメカニズムの解明は将来の課題として残しておきたいと思います。

第三章　平野に聳える火山

——中国東北部の玄武岩質火山——

1　玄武岩質火山の分布

中国東北部には新生代の玄武岩質火山活動が広範囲に存在しています。図11に分布図を示しました。中国東北部全域に広がっていることがわかります。車で東北部の大平原を走っているとこれらの火山が忽然と目の前に現れます。あるものは周囲に植物が繁茂しており一見してやや古い火山であることが分かります。しかし、黒光りをした溶岩流の上には何の植物も見られず、ごく最近の噴火であったことがよくわかるものもあります。しかし、現在でも噴気活動をしているような火山はありません。また、後に述べる長白山火山を除けば温泉湧出も見られません。

ここでは古い第三紀（今から六五〇〇万年前から一六〇〇万年前）の火山、第四紀（今から一六〇〇万年前以降）の火山ですがやや古い火山、そして、最近（一七二〇～一七二一年）に噴火を行った火山を紹介することにしましょう。

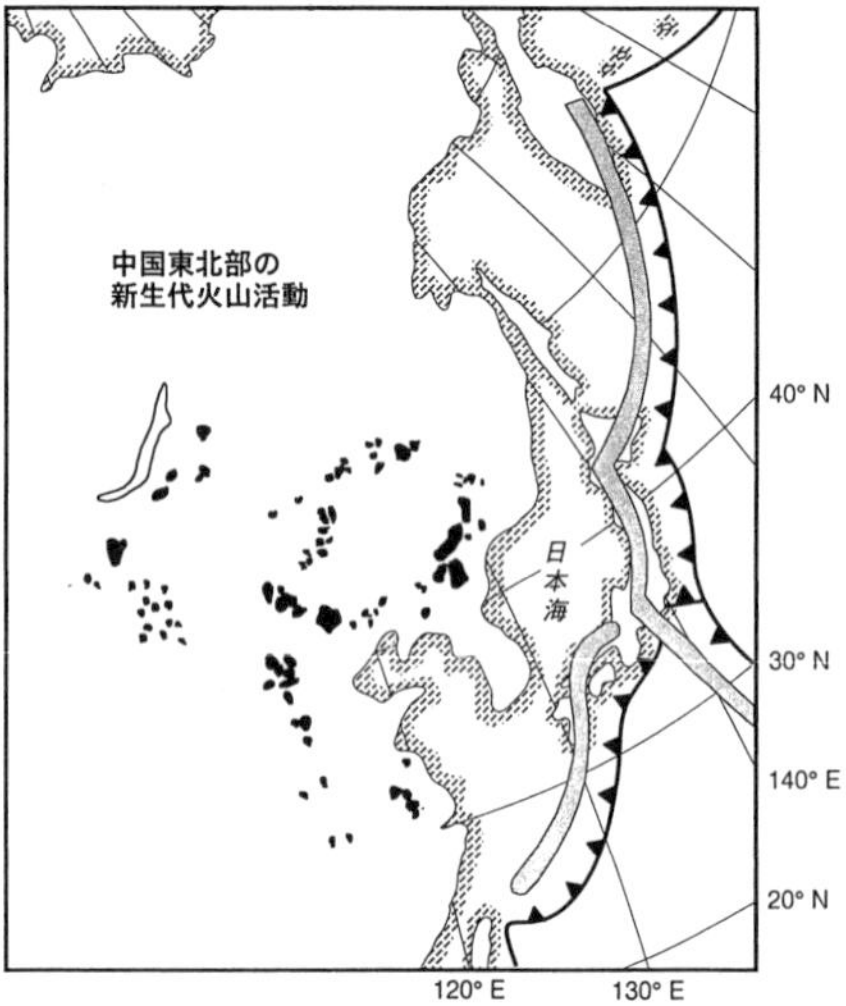

図11　中国東北部の新生代玄武岩質火山活動の分布（巽, 1995）

2　馬鞍山火山

この火山は長春市南方約五〇キロメートルの伊通県にあります。時代は第三紀のものと見られます。直線状に並んだ単成火山群の一つです。三つの単成火山が認められますがそのうち中央のものが最も高く（比高五〇メートル程度）、馬鞍山と呼ばれています（写真2）。地形をそのままあらわした名称です。頂上に登ると三つの単成火山体が北東—南西方向に一直線上に並んでおり、地殻の断裂に沿って噴火が起こったことが明瞭です。火山体もこの方向に伸張しています。この配列の方向は中国東北部の主要な構造線の方向に一致しています。六角柱の柱状節理の発達も見事です（写真

3）。畑の中にポツンと存在しており、まさにそそり立っています。活火山の多い日本ではこのような山を火山と呼ぶことはまずありませんが、地元では火山と呼ばれているようです。山麓では採石が行われています。この火山体は採石と風化のため次第に崩壊し、やがては消滅してしまう運命にあると思われます。大平原のこんなところに何故に噴火したのだろうかとはじめて見た時は率直に思いました（すでに述べたように、中国東北部の地殻熱流量分布

写真 2　平原に聳える第三紀玄武岩質火山「馬鞍山」

写真 3　馬鞍山の玄武岩柱状節理

写真 4　鏡泊湖火山の火口

が明らかにされ、さらに地下の温度分布が明らかにされた結果、玄武岩質火山の生成深度が推定されました)。周辺には緑の畑が延々と広がっています。周辺に地熱地域は全くありません。全く不思議な光景です。

3 鏡泊湖火山

この火山は黒龍江省牡丹江《ぼたんこう》市南方約一〇〇キロメートルにある玄武岩質火山で、噴出年代が今から五一四〇年前と言われています。現在明瞭な火口としては一つが見られるだけですが(写真4)、周辺に発達する多くの溶岩台地をみると噴出口は実際にはいくつかあるものと思われます。噴出した玄武岩質溶岩流は流下し、緩い傾斜の溶岩台地を形成しています。溶岩流は各所で河川を遮断し、その結果、堰止《せきとめ》湖を形成しています。鏡泊湖とは玄武岩質溶岩流による堰止湖です。火口あるいは堰止湖は観光地となっており、多くの観光客が訪れます。湖岸にはホテル、保養所もたくさんあります。湖ではモーターボートにも乗れます。観光地といっても日本ほどの混雑はなく、落ち着いた保養地といったところです。この鏡泊湖周辺地域は牡丹江の源流となり、やがて松花江《しょうかこう》に合流し、さらに黒龍江(アムール川)に合流していきます。この地域でも火山岩噴出年代が極めて若いにもかかわらず、地熱活動は全く見られません。

4　五大連池火山

この火山群も玄武岩質単成火山群で、黒龍江省北西部に位置しており、ロシア国境まで二〇〇キロメートルで中国の最北部に位置しています。中国東北部の中央部にある大慶油田から明水、北安市と北上して行くと、平原の中に、突如頂部がやや平らに見える小山があちこちに頭を出しています（口絵写真1）。五大連池火山群です。近づくに従って、山頂まで木が生い茂っているものと、山頂に木は全く生えておらず、黒色の玄武岩質溶岩に覆われているものがあることが分かります。中国で最も新しい玄武岩質火山（噴火年代一七二〇～二一年）と言われていますが、これらの火山群は一度の噴火でできたのではなさそうです。この地域には合計一四個の火山が知られています。火山名に老黒山（黒龍山）とか如何にも玄武岩質火山にふさわしい名前が付けられているものもあります。比高は五〇～一五〇メートル程度、基底直径は五〇〇～一、五〇〇メートル程度であり、いずれも山頂に火口を持っています。

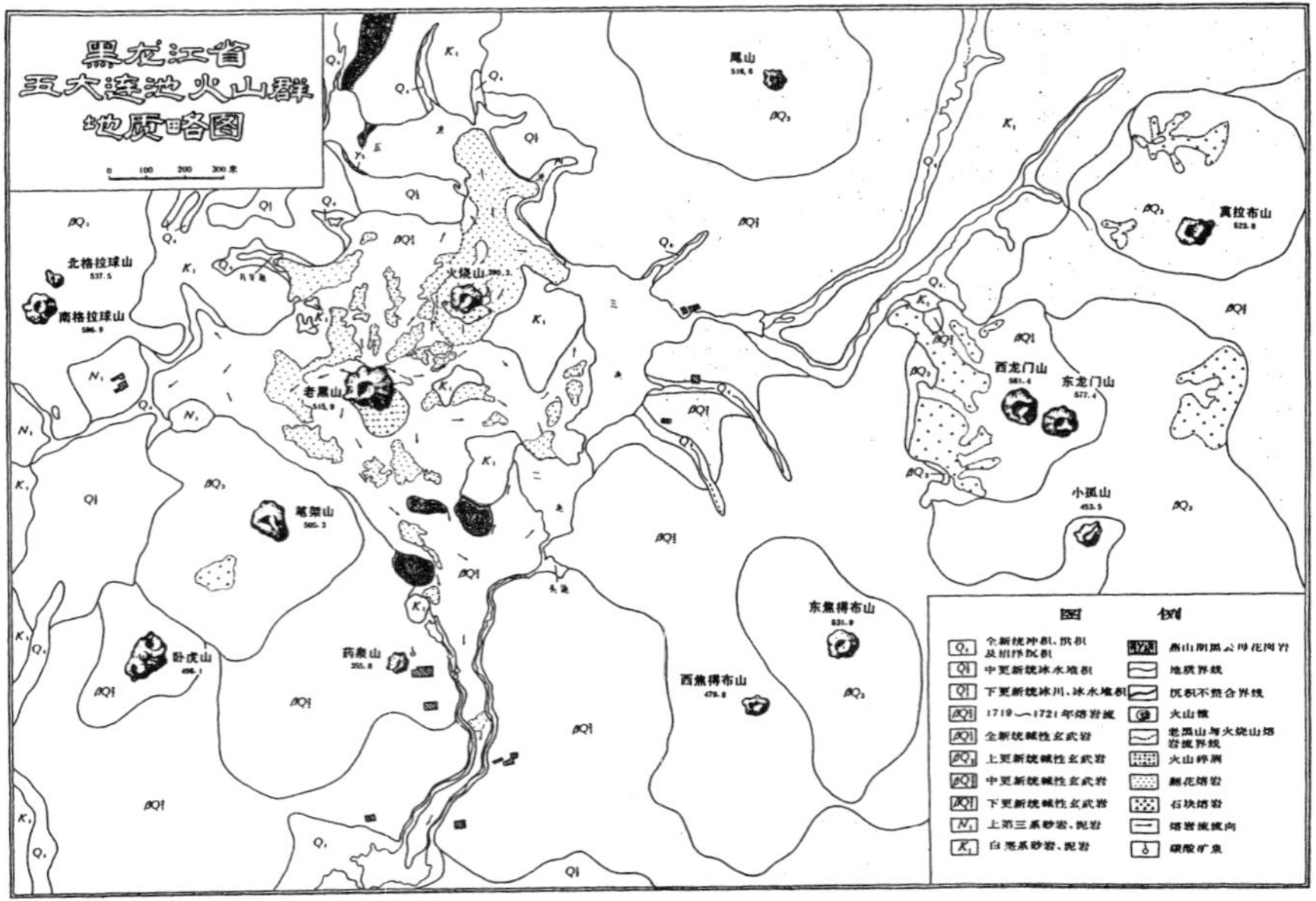

図12　五大連池火山群の火山体配列図（中国地質部，1979）

最初、火山群の中に四輪駆動車で入った時、火山が環状に配列しているように錯覚しましたが、実は見事ないくつかの直線状の配列をしていることがわかりました。火山配列図を図12に示します。このうち、臥虎山、筆架山、黒龍山、火焼山、少し離れて尾山は見事な北東—南西方向の直線状配列をしています。この北東—南西方向のトレンドはすでに述べたように中国東北部特有の構造線に一致しており、火山の配列が構造規制、言い換えるとテクトニックな意味を持っていることを示しています。

氷の溶岩トンネル内での冷や汗

氷の溶岩トンネル内での出来事です。トンネル奥には地表の風化の影響を受けていないと思われる新鮮な溶岩があります。小片でもよいのでサンプルが得たいと思いました。調査に同行している中国人研究者が一緒にいれば、トンネル内の係員に事情を話して、了解をとってからごく小さいサンプルをもらったに違いありません。しかし、その時は中国語の通じないわれわれ日本人だけでした。しかもちょうどその時われわれだけになったのです。中は寒いので長く滞在する観光客はいません。巡回している係員も一箇所に長くは留まってはいません。トンネル側壁から親指大のかけらを一つだけ頂戴しました。何かの雰囲気を感じたのか、あるいは巡回の時間であったのかはわかりませんでしたが、直後に巡回の一人がそこに戻ってきていました。われわれは見つかったかなと思いながらも、何食わぬ顔して、溶岩の天井を指差しながら、溶岩の見学を続けました。巡回員とわれわれの沈黙の時間が続きました。二、三分だったでしょうか。あるいはたったの三〇秒くらいだったでしょうか。実に長く感じたことは確かでした。しかし、係員に問い詰められることもなく、結局何事も起こりませんでした。われわれは冷たい氷の溶岩トンネル内で真夏の冷や汗をかいたのでした。無断でサンプリングしたことはもちろん許されることではありません。しかし、すでに一〇年近くたったので「時効」として許して頂きたいと思っている次第です。

この地域は天然の火山博物館と言われているように、実に様々な火山地形が見られます。新鮮で光沢があり、ふっくらとした冷却直後のような溶岩流（口絵写真2）、溶岩トンネル、溶岩柱等々です。水晶宮と呼ばれる一つの溶岩トンネルに入ってみました（有料でした）。入り口のドアを開けると冷気を感じます。どんどん進んでいくとますます寒くなってきました。一〇〇メートルくらい進んだでしょうか。一番奥に達しました。周囲は何と一面氷の世界です。温度計を見ると一・〇℃を示しています。溶岩トンネルの外は七月末の気温三〇℃

図13　五大連池火山群の溶岩流のスケッチ（中国地質部，1979）

の真夏です。あわてて入り口に戻り、厚手の有料オーバーを借りて、再度溶岩トンネルに入りました。よく見ると氷は天然のものだけでなく、直方体の氷がちょうど秋田の冬の名物カマクラのように積み立ててあります。これで宮殿を作っているのです。水晶宮の名前の由来が呑み込めました。カラーの照明というおまけまでありました。溶岩トンネルの行き着く先はさしずめ北海道旭川の氷まつりのようでした。年平均気温が〇℃に近いことを考えるとなるほどとうなずけます。一四個の火山のうち、最も新しい噴火をしたのが黒龍山と火焼山です。一七二〇～二一年の噴火で流出した溶岩がスケッチされたものを図13に示します。なお、火山名については図12を参照して下さい。黒龍山は一七二〇～二一年に溶岩流を流出したことは確かですが、それより古い活動があったことも確かです。この点からすれば、字義どおりの意味での単成火山ではないようです。山の中腹には数メートルの高さの松が繁っています。山頂部には切り立った火口があります。山頂には三角点があり、ここに立つと四つの火山体が見事に直線状に配列しているのが実感できます。また、何枚もの溶岩流が識別でき、河川を堰き止めているのが見られます。これらの溶岩流によってできた堰止湖が順に一池、二池、三池、四池、五池と名づけられ、まとめて五大連池《ごだいれんち》と称されています。実際には上記以外の堰止湖もいくつか存在しています。一七二〇～二一年に上記黒龍山とともに噴火したのが火焼山です。この火焼山は山麓から山頂にかけて、ほぼ溶岩だけから覆われており、このときの噴火活動で新たに形成されたのではないかと推察されました。山麓は一面溶岩原（口絵写真3）ですが、その間を縫って、コンクリートの道路が整備されています。山頂に登る道はまだないようでした。雨量が少ないため浸食が進むのが遅いのでしょうか。溶岩原を見ていると、噴火後間もない感じで、まるでハワイのキラウエア火山の溶岩流を見ているようです。このようなごく新しい火山活動の痕跡を目のあたりにしてくると、仮に今中国から噴火のニュースが伝わってきても何の不思議も感じません。このように実に新しい溶岩の流出が行われているにもかかわらず、噴気孔も温泉湧出も見られません。五大連池火山周辺には地熱活動らしきものは全く見られません。しいてあげれば、冷泉である炭酸泉の湧出です。これは数ヶ所から湧出しているようです。観光パンフレットによれば、人体に必要な五〇種類以上の微量元素を含み、世界三大冷鉱泉の一つに数えられていると言います。皮膚病・消化器系統その他にも効き目があり、神水あるいは聖水とも呼ばれています。

病後の体で一日で九〇〇キロメートルを一九時間かけて移動

ロシア国境近くの黒河という街でのことでした。フィールド観測中はじめて体調を崩したのです。全身寒気がし、体温は三九℃を超えました。うなりながら一日半ベッドで苦しんだことを思い出します。翌日には長春まで戻らなければならないのです。特別にお願いした医者に往診を受け、手の甲からリンゲル液の注入を受けました。体力が回復し、やがて体温が下がり始めました。眠りにつき、翌朝午前四時には起こされ、暗いうちに出発しました。意識はやや朦朧としていました。そして、それからが強行軍でした。長春まで九〇〇キロメートル。それに至る道は日本のような舗装された高速道路ではありません。しかし運転手は飛ばしに飛ばしたのです。そして、何と午後一一時真っ暗な中、長春まで帰り着いたのです。黒河を出発して一九時間がたっていました。信じられない行程でした。翌日帰国のため、北京に向かいました。体力は不思議と回復していたのですが、帰国後見た新聞の文字の焦点が合わないのに気がついたのです。老眼のはじまりでした。

第四章　巨大な玄武岩質火山

——長白山火山——

1　長白山火山とは――構造と発達史――

中国東北部には新生代の玄武岩質火山が広く存在しています。その中で、規模が特別に大きく、また火山活動の継続時間が特別に長い、中国（約半分は北朝鮮（朝鮮民主主義人民共和国）に属しますが）を代表する火山（活火山でもあります）が長白山火山です。

長白山火山は三〇〇個以上の火山体からなる巨大な玄武岩質複成火山です。溶岩流および火砕流の分布は一三、三〇〇平方キロメートルに達します（図14）。長白山火山は中心部の火山円錐体、山麓傾斜地帯の溶岩高原、そして溶岩台地の三つに分けられます。火山中心部はおおよそ同心円状をしています。中心部の火山円錐体（基底）の海抜高度は一、七〇〇メートル以上であり、その基底半径は約二〇キロメートル、火山円錐体頂部の中心は火口湖となっており、長白山天池と呼ばれ、湖面海抜高度は二、一八九・七メートルです。そして、深さは平均二〇四メートル、最深三七三メートルです（口絵写真4）。天池周辺には一六個のピークがあり（図15）、最高峰は北朝鮮側の白頭峰にあり、海抜高度は二、七四九・二メートルです。これらの火山群の形成は新生代鮮新世（今から二八〇〇万年前）以降連綿として行わ

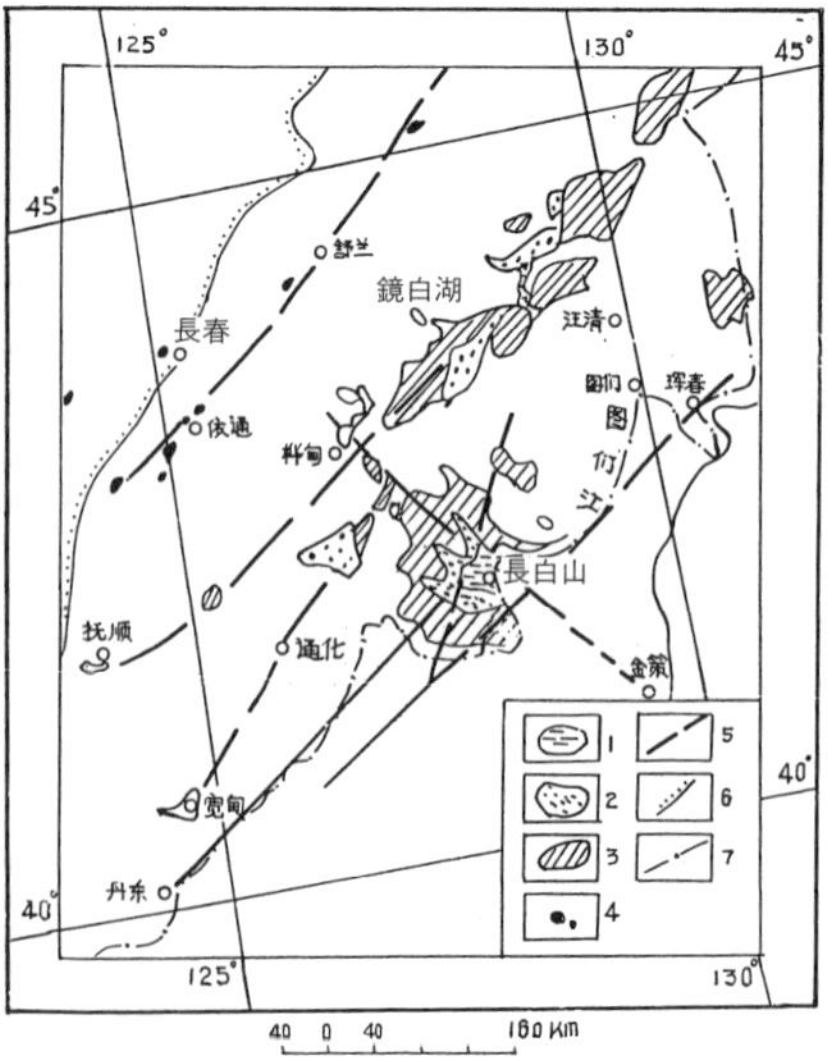

図14　長白山および他の新生代玄武岩質火山の噴出物の分布。1は第四紀粗面岩，2は第四紀玄武岩，3は新第三紀玄武岩。（金・張，1994）

れています。噴出した火山岩のほとんどは玄武岩質ですが、火山活動の進展とともに、次第に玄武岩質火山岩の噴出量が減少し、粗面岩的な噴出量が次第に増加する傾向があります。

　今から、一万年前以降の完新世（中国では全新世と呼ばれています）の活動は次のようにまとめられます。完新世のマグマ噴火の特徴は暗灰色の粗面岩質火砕流及び火山灰と灰白色のアルカリ流紋岩質の軽石及び火山灰が交互に噴出していることです。その間隔はおおよそ一、三〇〇〜一、五〇〇年で、二、〇〇〇年に達することもあります。そして、それらの規則性から今後再び大規模な火砕流と火山灰噴火が起こることが予測されました。このため中国国家地震局は火山活動

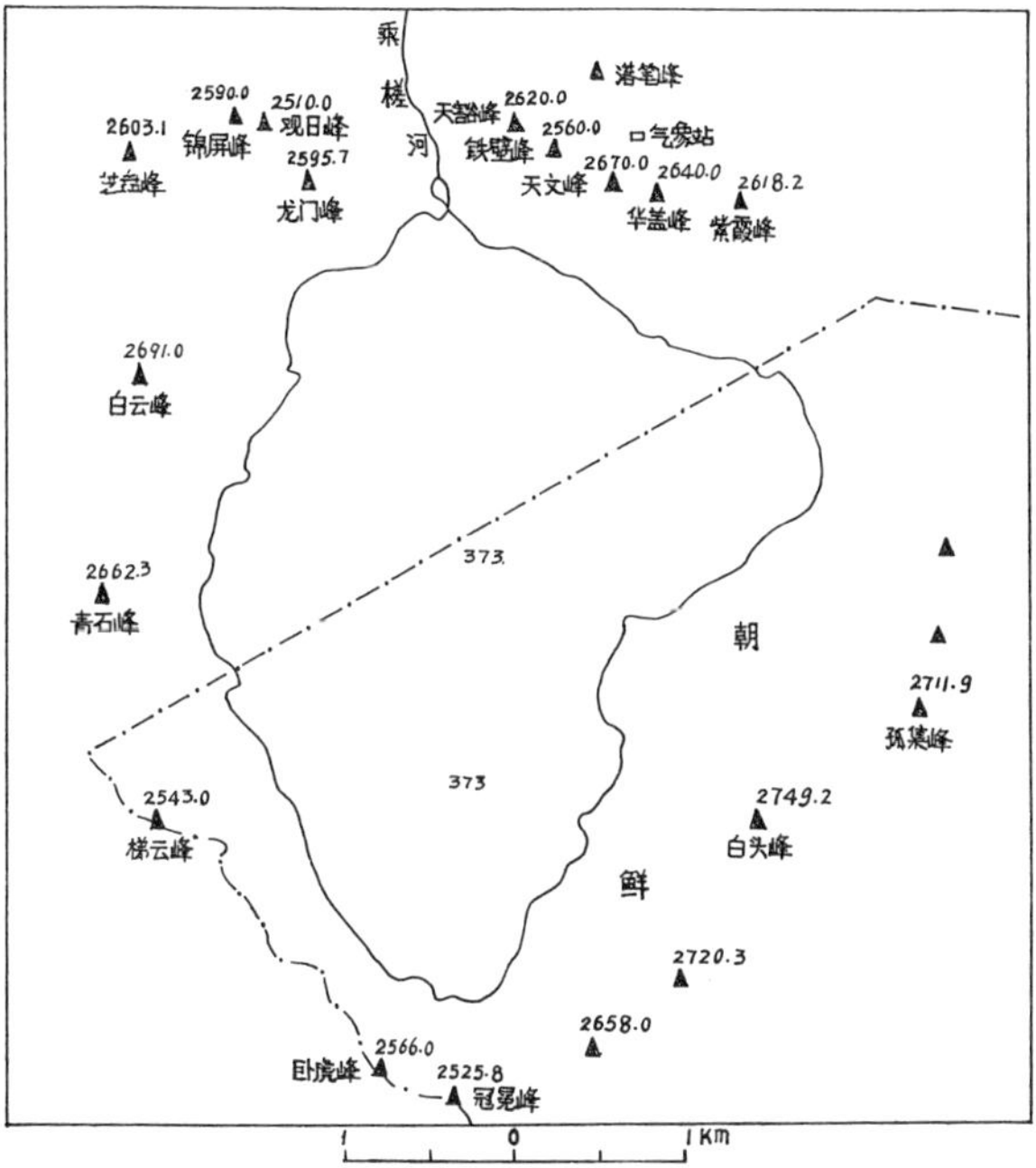

図 15　長白山天池周辺の 16 火山体（金・張，1994）

監視の必要性を認め、同火山山腹に中国で最初の火山観測所を建設しました。最近、火山体が膨張傾向にあることが知られているようですが、現在の所、噴火が差し迫っているような特別の状態にはないと考えられています。

中国初の火山観測所建設される

一九九八年に長白山山腹に中国で初めての（同時に唯一の）火山観測所が建設されました。地盤変動を観測するための観測坑道が溶岩流の中に掘削されています。吉林省地震局に所属しています。一九九六年の秋には吉林省地震局の一行八人が火山観測所の建設に向けた調査のために九州の三つの大学所属火山観測所（九州大学島原地震火山観測所、京都大学阿蘇火山研究所、京都大学桜島火山観測所）を訪れましたが、一週間ほどの期間、各観測所への案内をしました。私たちは現在火山噴火予知研究に直接携わっているわけではありませんので、日本の噴火予知研究者への橋渡し役を行ったわけですが、長白山の観測体制が整備され、火山活動の把握に貢献することを大いに期待しているところです。

2　現地調査結果

われわれは火山やそれに伴って存在する温泉活動を含む地熱活動に関心を持っているのですが、すでに玄武岩質火山活動に伴う地熱活動は一般に活発ではないことを記しました。ところが、長白山火山や後にのべる「伊爾施《イルス》火山」に関しては、活発な温泉活動を伴っているようで、その成因に興味を持ちました。このようなことから、中国側研究者と共に「大陸内部の玄武岩質火山に発達する地熱系に関する研究」という課題名のもとに、フィールド調査に基づく共同調査を始めたのです。

(1) 地熱徴候

長白山火山は巨大な玄武岩質複成火山であり、火山体および周辺地域にはいくつかの地熱徴候があります。主としてそれは温泉ですが、火口湖である天池周辺の火山体芝盤峰の山頂には噴気孔があると言われています。天池火口周辺の地熱徴候としては、天池湖岸の湖濱《こひん》温泉、天池南南西約六キロメートルにある錦江《きんこう》温泉、そして天池北約二キロメートルにある長白《ちょうはく》温泉が代表的なものです。これらのうち、長白温泉が湧出温度・湧出量ともに最高で、長白山火山の代表的な地熱徴候となっています。

(2) 山腹の地温調査

火山や温泉の熱的調査ではまず一メートル深地温調査が行われます。これは温泉や噴気孔の周辺では高温の流体の流れに伴う特別の熱の流れが生じているので、一メートルという浅層においても地温異常として十分検出され得るからです。また、気温の日変化の影響のないこともこの深度で測定が行われる理由の一つです。一般に気温（厳密には地表面温度）の日変化は地下数十センチメートル深までに及び、また気温の年変化の影響は中緯度地方では一五メートル深程度にまで及ぶと言われます。従って、それら以深で地温を測定すれば、それらの影響のない地温異常を検出できることになります。当然深度が深いほど、より微弱な地温異常を捕らえることができます。

一メートル深地温調査では、地中に穴をあけるための鉄棒（長さ一・五メートル、直径二・五センチメートル程度）、鉄棒を打ち込む鉄製大型ハンマー、打ち込まれたパイプを引き抜くためのパイプレンチが必要です。温度測定には通常、サーミスタセンサーを用います。この調査では労力は大変ですが経費が安いということも魅力です。以上の道具があれば、人さえ行ければどこでも測定可能です。調査によっては一地域で数百点の測定が行われることもあり、地表面近くの貴重な熱的情報となります。

長白山火山においては、二つの登山道に沿って測定を行いました。山麓から山頂にかけて、全長約一〇キロメートルにわたって測定しました。登山道が限られているので、残念ながら

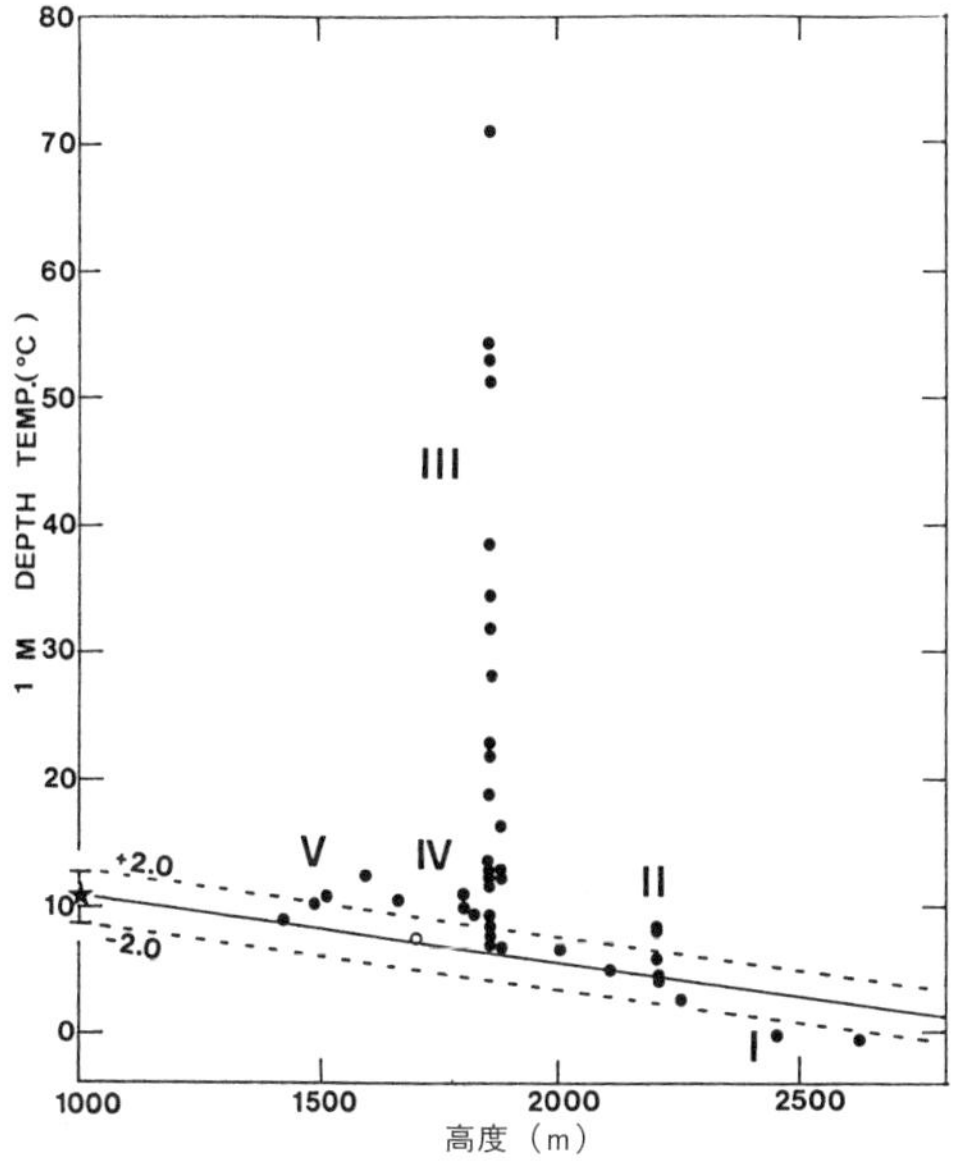

図16　長白山火山山腹の１ｍ深地温分布。図中III付近に長白温泉が発達している。

火山体を取り囲む面的な地温異常を検出することはできませんでしたが、いくつかの地温異常が検出できました。図16に測定された地温と測定高度との関係を示しました。一メートル深地温は地下に特別な熱源がなければ、ほぼ気温の減率（一〇〇メートルについて〇・五℃前後）に対応して、高度が上昇するにつれて一定の割合で低下します。すなわち、図16のような表示をすると、地温異常のない観測値は右下がりの直線的低下

（標準温度）を示します。そのような結果は他の火山でも共通に見られます。長白山火山の場合もややばらつきますが同様の傾向が見られます。この一メートル深地温は地表近くの種々の要因（土壌の熱的性質、日当たり、植生、地表水の浸透状況等）の影響を受けるので、地温異常を検出するためには、一般に標準温度より二℃以上の異常があることが必要です。そのような考え方からすると、長白山火山では高度一、八〇〇メートル程度に明確な高地温異常が顕著であると言えます。これは温泉水湧出に関係したものと思われます。興味深いことは温泉湧出地より山麓側にもやや高い高温異常が認められることです。それらの測定点周辺には温泉湧出は認められません。おそらく、現在の温泉湧出地の山麓側にも温泉水が伏流していることを示していると思われます。また、天池火口周辺にもわずかな高地温異常が認められます。これは、天池周辺に上昇してきた、噴気あるいは温泉水を反映したものと思われます。長白山火山の地温異常でもう一つ興味深いのは山頂近くの〇℃程度の低温異常です。実は測定のため穴をあけた鉄棒を引き上げたところ、何と氷の破片が着いていたのです。測定は気温が一年中で最も高い七月下旬に行われました。この季節に一メートル深は凍土になっているのです。冬の厳しさが改めて実感されました。真夏でも太陽が翳り、風が吹くとジャンパーなしにはいられないほどなのです。

地殻熱流量測定の項でも同様なことを述べましたが、中国東北部の高地あるいはより北部の冬の厳しさがよくわかります。

(3) 長白温泉地域周辺の地温調査

山腹の地温調査より、長白温泉周辺には地温異常が存在することが明瞭となりました。そこでさらに詳細な地温測定を行いました。同時に地表近くの熱伝導的な熱の流れも推定することを試みました。そこで、温泉の分布する方向(どうやらこの地域に推定されている断層と同じ方向を示しています)と直交する測線を選び、地中一〇センチメートル深と二〇センチメートル深の地温をサーミスタ温度計を使って測定しました。その結果、温泉水は地下をいくつかの細い流れとなって、地中を流れていることが推定されました。そして、その流れる方向は断層に規制されているようです。言い換えると、温泉水は、地層中の透水性の良い部分(断層帯中の個々の細い小断層)を選択的に流れていることがよく見えるのです。さらに、一〇センチメートルと二〇センチメートル深地温から地温勾配を求め、地表の熱伝導率を推定し、各地温の個所が示す伝導的熱流量を推定しました。その結果、長白温泉地域からの伝導放熱量が三・〇メガワットと見積もられました。

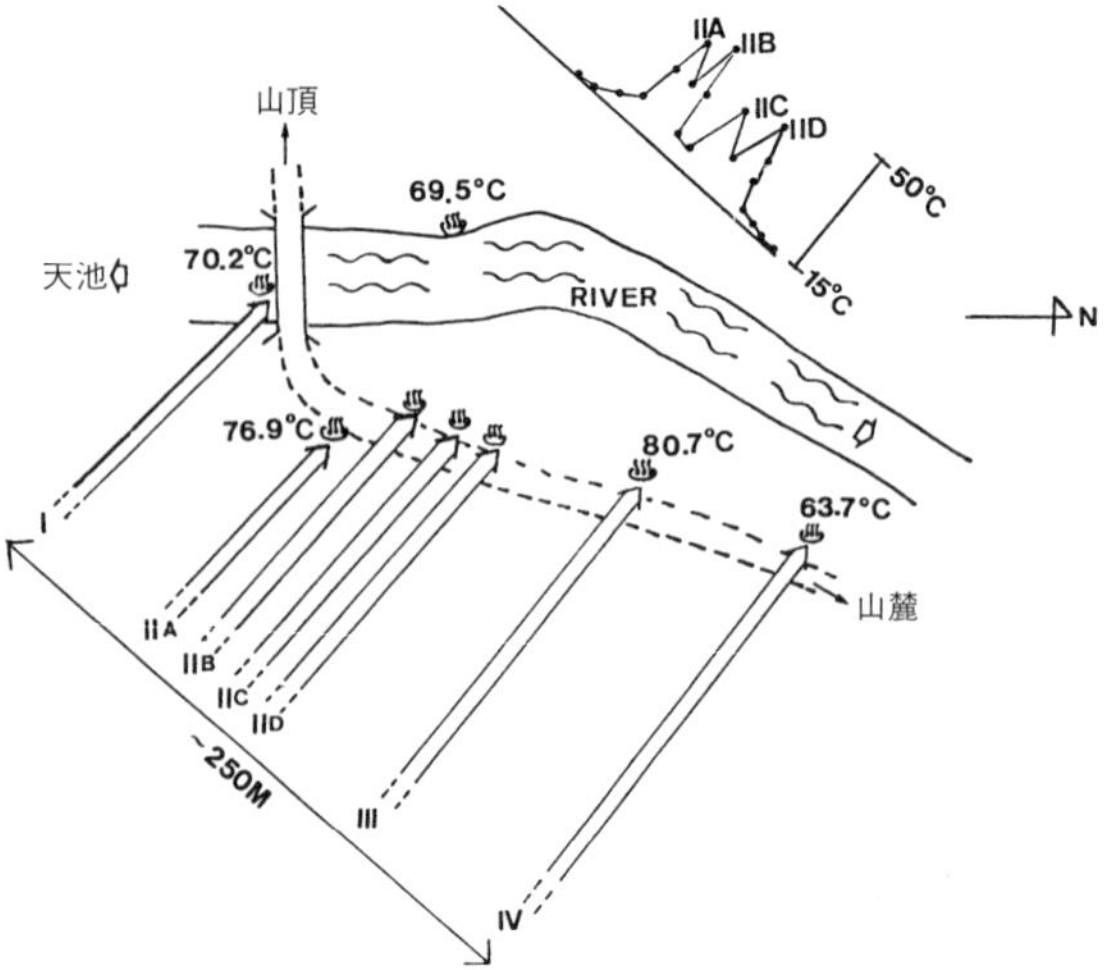

図17　長白温泉における温泉水湧出地点と温泉水の流動方向

地温分布と温泉湧出位置の関係から温泉水の流動方向を示したのが図17です。温泉水はいずれも南東方向から北西方向に流れているのがわかります。温泉水の流れている幅はおおよそ二五〇メートルであり、そのうち、五〇メートルほどに特に集中しているようであり、当然、温泉地表湧出地点も集中しています。なお、川（白川）をはさんだ反対側の地域（白川左岸）にも、やや温度の低い温泉湧出地点があります。

(4)　長白温泉の赤外熱映像調査

すべての物体はその表面温度に従っ

て熱（赤外線）を放出しています。従って、放出される赤外線強度から逆に温度を求めることができます。この原理に基づいた温度測定装置が赤外熱映像装置です。二〇年前には電源までいれると総重量が一〇〇キログラムを超えるほどでしたが、現在では一人で観測・記録ができるほどコンパクトで便利な測定装置ができています。われわれもこれを調査に使用しました。

まず、長白温泉地域全域の赤外熱映像を測定するために、やや離れた地点（黒風口と呼ばれ、観光客の展望地点ともなっています）から全域の撮影を行いました（口絵写真5）。対象までの距離は約六五〇メートルであり、一画素あたり一・九平方メートルです。赤色で示されているのが高温異常です。幅約五〇メートルの強い温泉水の流れが赤外熱映像でも明瞭に見て取れます。この熱映像に熱収支法（地表面における熱収支の考察から、地表面温度分布から放熱量を推定する方法）を適用し、全域から放出される放熱量を見積もりました。その結果、全放熱量は四・四六メガワットと見積もられました。この値は前節で推定された伝導的放熱量より大きいのですが、このことは赤外熱映像から見積もられた値は、地温測定より広い地域をカバーしていることおよび熱伝導だけでなく、温泉水表面から放出される熱も含んでいることを示していると思われます。

長白温泉中心部の赤外熱映像も撮影しました。このような測定を続けることによって、温泉湧出活動を詳細に監視（モニタリング）できることになります。現在は自然湧出の温泉のみを利用しているので、温度に変化があっても特別の問題は生じていませんが、将来、さらに多量の温泉水を必要とし、ボーリング孔から温泉水採取というようなことが生じれば、このようなモニタリングはさらに重要になると思われます。

赤外熱映像調査では、さらに山頂部から、天池周辺の調査を行いましたが、熱異常は残念ながら検出されませんでした。熱異常が十分でなかったかあるいは活動が衰えたのかはわかりません。このような熱映像も繰り返し撮像することで、火山活動の異常を検出するのに有効と考えられます。

(5) 土壌ガス調査

地熱地域では土壌中を上昇してくるガス（水銀、ラドン、トロン、炭酸ガス等）の調査がよく行われます。これは地下にある高温地熱流体（蒸気および熱水）にそれらが含まれており、その上にある土壌空気中にはたくさん含まれていること、あるいは地熱地域には断裂が発達していることが多く、そのような断裂を通ってガスが選択的に運ばれるからです。そのうち、水銀は特に高温地熱流体に多く含まれており、揮発しやすく、地下地熱活動のよい指標になるといわれています。特にこの方法は地表に地熱徴候（温泉や噴気の噴出）がない場所でも化学的に地熱探査を行うことができる唯一の方法とも言えるものです。ラドン・トロンガスは、もともとは地殻岩石中の放射性物質が非反応性の気体のラドンになり、地殻中の断裂を選択的に上昇することを利用して、地殻中の断裂を探査するものです。断裂中を地熱流体が上昇すれば、それに運ばれるラドン・トロンも多いことになり、異常としてはより強調されます。炭酸ガスは、地熱流体中の非凝縮ガス（水蒸気以外のガス）としては一番多く含まれているものであり、これも断裂中を選択的に運ばれます。なお、炭酸ガスはこのような深部の地熱（火山）活動起源ではなく、地表近くに存在する有機物起源のものもあり、解釈には注意を要します。

水銀の測定には金アマルガム法を用いました。地中に六〇センチメートル深程度の穴をあけ、この中に金線（長さ一〇センチメートル程度）を紐で吊るし、数日間放置後回収、金線の表面に付着した水銀を冷原子吸光装置により定量しました。なお、土壌空気中の水銀ガスはその移動の速さから現在の地熱活動を反映すると考えられますが、過去の地熱活動を検討するためには、土壌中に蓄積した水銀量が目安となります。このために、掘削した孔の底の土壌を採取し、これに含まれる水銀量を冷原子吸光装置で測定しました。ラドン・トロンの測定では、深さ六〇センチメートル程度の穴を地中に開けた後にすぐ密閉し、地中のガスを電動ポンプで吸引し、ラドン検出器内を循環させ測定を行います。炭酸ガスは検知管を使用し、ラドン・トロンの測定と同じように、密閉された測定孔内の土壌空気を一定量吸引し、測定しました。

測定は一メートル深地温が行われたのと同じ山腹の測線で行われました。以下図中、横軸で距離と示したものは、観測点中一番南部に位置する、天池北岸の観測点の位置を原点とし、北北東に取った直線上に、観測点位置を投影したものです。測線長は地温測定と同じくおおむね一〇キロメートルです。なお、長白温泉はおおよそ距離一・六～二・〇キロメートルに位置します。土壌ガスの測定結果はすべて同じ傾向を示すので、図についてはそのうち土壌空気中の水銀のみ示します。

土壌空気中の水銀濃度（図18）は、距離〇～二〇〇メートルの値はやや高いものから低いものまでありますが、一般に天池北岸の値が大きいようです。特に、北岸の一番北側にある点では六・九ナノグラムの特に高い値を示しています。一メートル深地温調査でも天池周辺にやや高温の異常が観測されており、天池周辺ではすでに知られている湖濱温泉だけでなく、

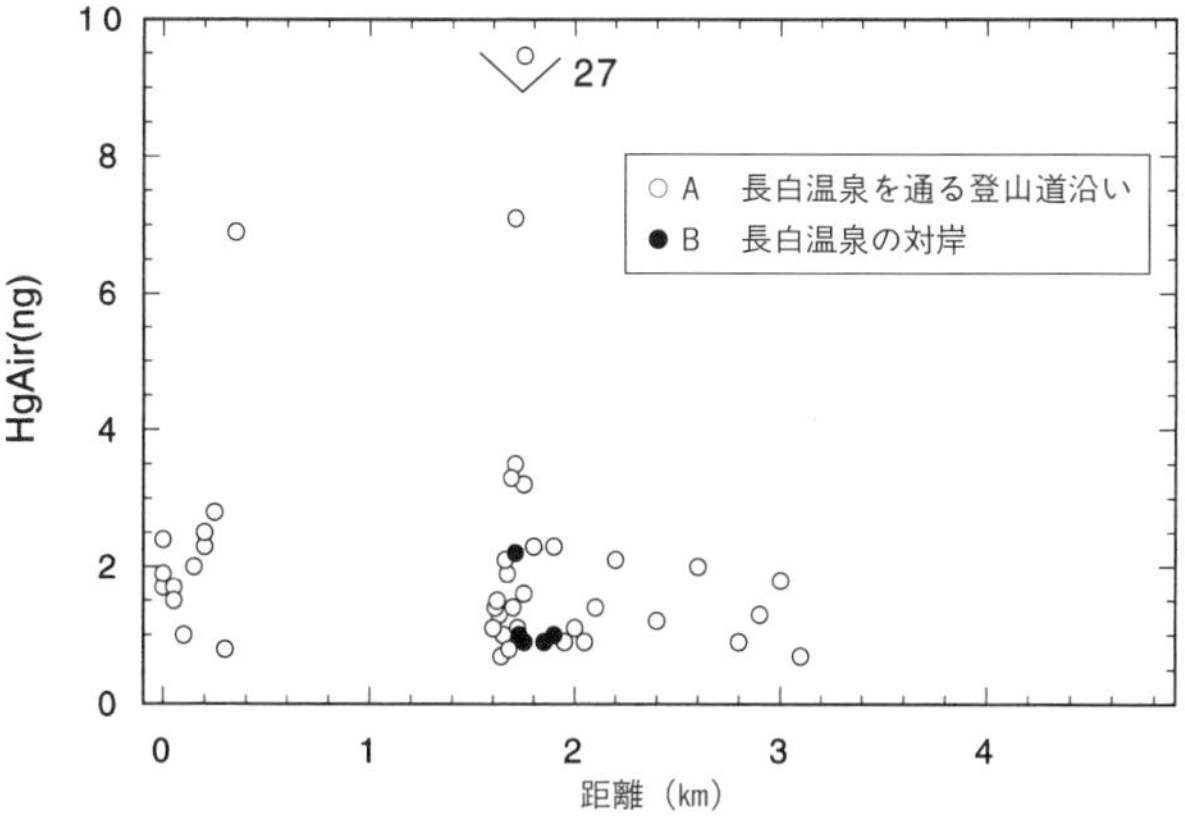

図18　長白山火山山腹における土壌空気中水銀の濃度分布

局部的に温泉水あるいは噴気が上昇していることが推定されます。また、長白温泉では五地点で高い値が知られています。高い値を示す地点はいずれも温泉湧出口が集中している個所から南側（山頂側）一〇〇メートル以内であり、後に述べる地熱系モデルによれば、温泉水が地下深部から上昇し、側方に流動を始める地点に相当していると言えます。

一方、土壌中の水銀の高濃度地域は長白温泉地域に集中しています（図19）。また、天池湖岸地域でも一ヵ所高異常を示す地点があります。なお、長白温泉地域南側で、土壌中の水銀濃度は高いが土壌空気中の水銀濃度は低い値を示す点があります。このことは、温泉水上昇地域が過去から現在までに変化した可能性があります。

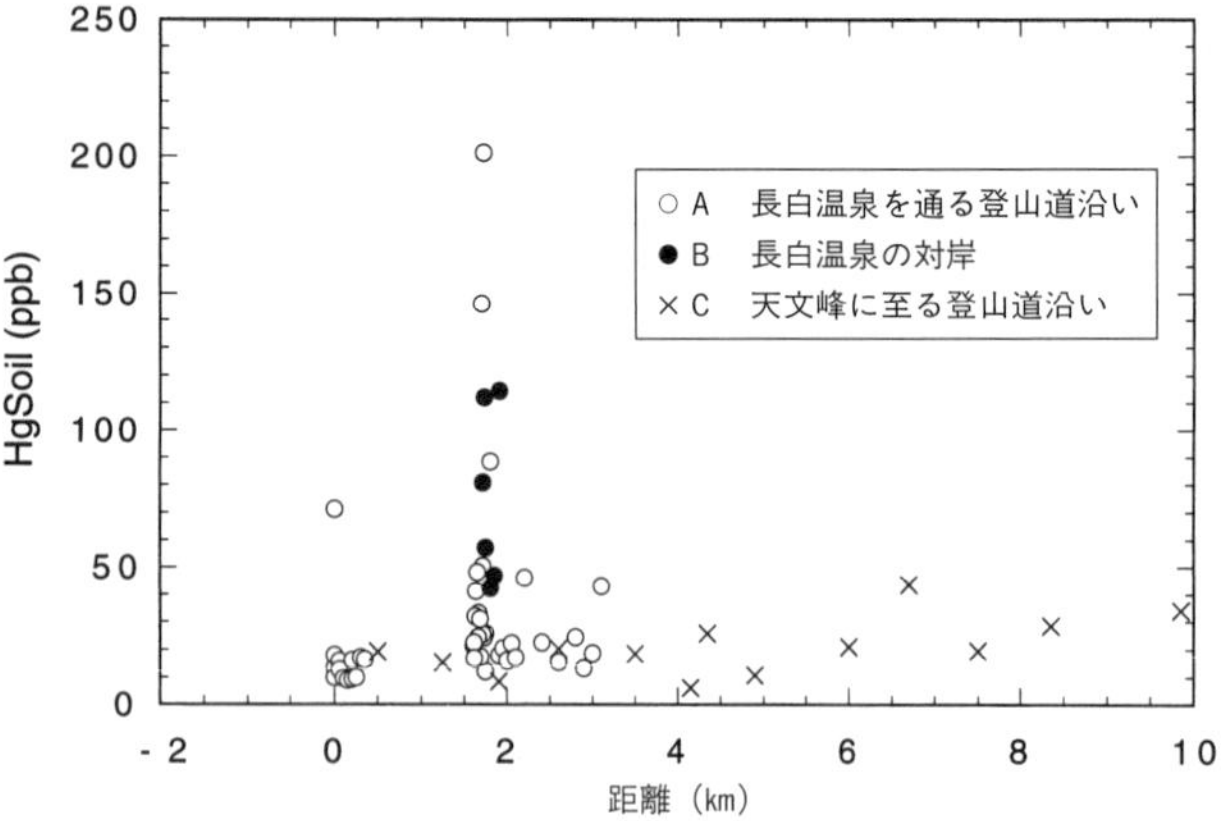

図19　長白山火山山腹における土壌中水銀の濃度分布

同様なことは長白温泉のすぐそばを流れる白川の左岸でも見られ（長白温泉は白川の右岸にあります）、この左岸側では土壌空気中の水銀濃度は低いが土壌中水銀濃度が高いことが示されています。すなわち、現在では温泉湧出は白川左岸では活発ではありませんが、過去においては活発であったことがうかがわれます。このように、現在放出されている水銀（土壌空気中水銀）とこれまでに蓄積された水銀（土壌中水銀）とを比較することにより、地熱活動の時間的変化を推察することができます。

次にラドン・トロンガスについて述べます。ラドン・トロンの合計濃度は、やはり長白温泉付近および天池北岸に高い地点があり、これらの地域における断裂の存在と温泉水あるいは噴気上昇を反映していると思われます。また、ラドン／トロン比は温泉湧出地域の中でもより上流側で高い値を示しています。より半減期の長いラドンが相対的に多いということは、より深部起源のガスが多いことを反映しており、長白温泉の温泉水上昇地域は現在の湧出地点のさらに山頂側にあるのではないかと推定されます。すなわち、深部からの温泉水上昇部分は現在の温泉水湧出個所より、少し南部側（山頂側）にあり、そこから側方（山麓側）へ流動し、すぐに地表に達し、その部分が地表の温泉湧出地点になっているのではないかと推定されます。

最後に土壌空気中の炭酸ガス濃度について触れます。五パーセント以上の特別に高い値を示す地点が四地点あり、温泉水湧出地域から上流側一〇〇メートル以内にあります。このことは、後に温泉水の化学成分において述べるように、本地域の温泉水の重炭酸濃度は一般に高く、深部からの温泉水が上昇する過程で脱ガスを生じ、その結果土壌空気中の炭酸ガスの濃度が高くなったことが推定されます。このように、炭酸ガスも現在の温泉湧出地域の少し上流側（山頂側）に深部からの温泉水の上昇があることを示しています。

以上の結果をまとめると、温泉水（一部は噴気）の上昇を示す地域は、火口である天池周辺と山腹の長白温泉周辺地域があげられます。主要な上昇地域は長白温泉地域と思われます。

しかしながら、深部からの温泉水上昇地域は現在の温泉水湧出地域から一〇〇メートル程度南側（山頂側）にあるのではないかと推定されます。また、温泉水の上昇地域の場所も不変ではなく、変化しているようです。

(6) 温泉水・ガス分析

温泉水の採取は一九九六年および九七年の両年に行われました。地下水（斜面からの流出水）、地表水および冷泉を除く湧出水のpHは六・六六～八・一八の範囲にあり、ほぼ中性です。長白温泉の湧出水（温泉）のほとんどは、主要陽イオンがNa^+、主要陰イオンがHCO_3^-の$Na-HCO_3$タイプの水であり、ほぼ起源が同じであることを示しています。ごく浅層の地下水と考えられる温泉水は（Ca−Mg）−HCO_3タイプを示しており、温泉水の$Na-HCO_3$とやや異なっています。冷泉はこれら二つのタイプの中間に位置しています。

図20には水の酸素・水素安定同位体比[1]を示しました。温泉水を含めたいずれの水も天水線上にプロットされ、酸素のシフトを示しておらず、水の起源が天水であることを示すとともに、天水が地下を循環中、二〇〇℃を超えるような高い温度に遭遇していないことも示しています。ただし、CHSW 1は天水線上にありますが、他の試料に比べ、酸素／水素とも重

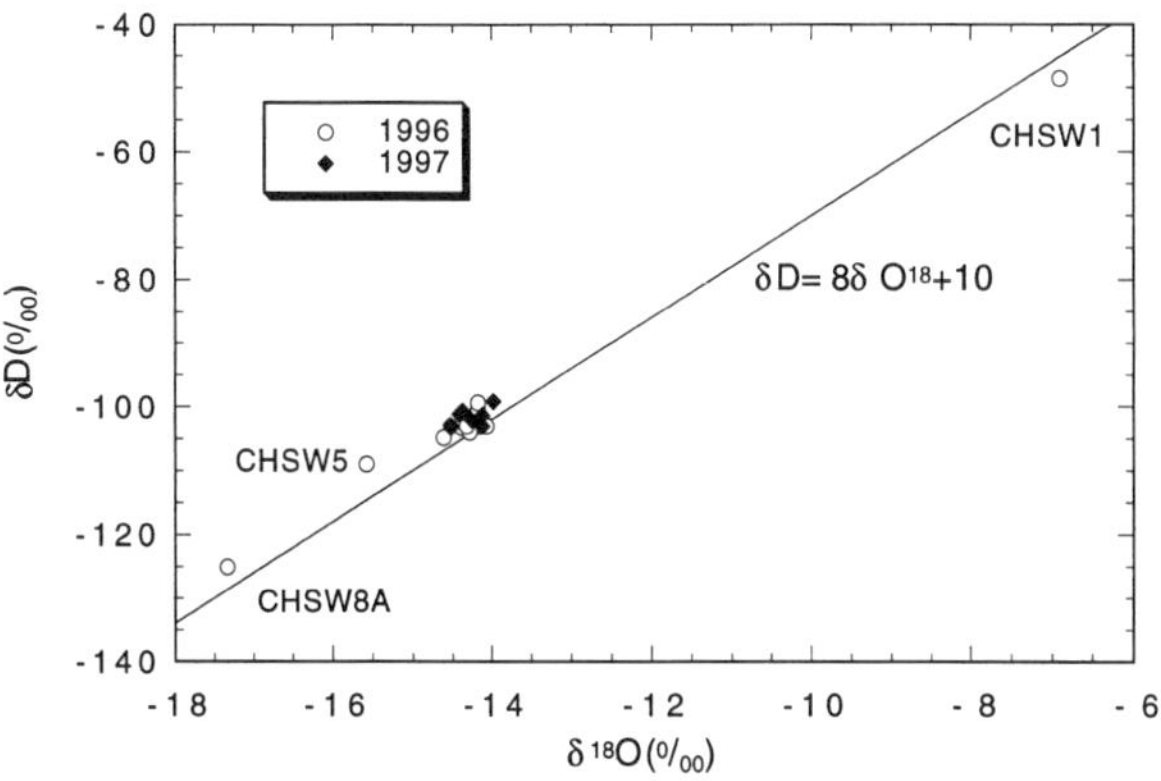

図20　長白温泉の温泉水の酸素・水素同位体分布。図中直線は天水線とよばれ，地表水の場合はこの直線に乗ってくる。

い方にシフトしています。この水は主要イオンであるNa^{+}、Cl^{-}、HCO_3^{-}が他の試料に比べて低くなっています。すなわち、この水も基本的には他の温泉水と同じ地表水起源ですが、流動経路が異なったか、あるいは地表水と深部温泉水との混合割合が異なっていたことが考えられます。また、浅層の地下水であるCHSW８A（一九九六年採取分）は温泉水に比べ、軽い同位体比を示しています。しかし、一九九七年に採取したCHSW８Aは他の温泉水と同じ酸素・水素同位体比を示しており、地表水の混合の状態が前年と異なっていた可能性があります。一九九七年は一九九六年に比べ山腹に多くの残雪が見られ、地下への補給地表水が変化していた可能性も考えられます。

ところで、地表水起源の温泉水の化学成分は主として、地下における地表水と岩石との反応時の温度によって規定されています。この反応時の温度は化学平衡温度と呼ばれています。化学成分あるいは化学成分比と平衡温度の関係式は半経験式として、多くの研究者により提案されています。岩石と化学平衡状態にあった熱水は、その後の上昇過程で他の水と混合しない限り、化学成分は保持され、従って地表で採取した温泉水の化学分析値から地下での平衡温度が計算されることになります。

長白温泉で採取された温泉水について求められた化学平衡温度は以下のようです。最も適用範囲が広いといわれるNa—K—Ca—Mg温度計による値は一三三～一四六℃の範囲にあり、平均値は一四二℃です。一方、Na—K—Ca温度計によると平衡温度は一五五～一六四℃で平均一五八℃です。また、シリカ温度計による値が一一一～一二六℃で平均一二〇℃という値が求められました。シリカ温度計は相対的に地表水混入の影響が大きく、低い温度を示す可能性があります。従って、本地域の温泉水の化学平衡温度は一四〇～一六〇℃程度と推定されます。この温度は、温泉水の酸素同位体比が天水線からほとんどシフトしていないことと調和的と考えられます。すなわち、本地域下に温泉水の貯留層があるとすれば、その温度は一四〇～一六〇℃程度であり、地熱発電に適するような高温ではないと推定されます。また、一九九六年と一九九七年の両年に採取された温泉水の平衡温度を比較してみると、ほとんどは変化が一℃以下で一致しています。

最後に、温泉水中に含まれているガス（温泉ガスと言います）の分析結果について触れることにします。いずれの試料も九〇パーセント以上がCO_2です。温泉水の値が冷泉に比べやや高くなっています。N_2（窒素）は高くても〇・七パーセント程度であり、CH_4（メタン）もN_2に比べやや低いものの同程度の値を示しています。また、Ar（アルゴン）の含有量はHe（ヘリウム）に比べ一般に高くなっています。これらの温泉ガスの起源を推定するために、N_2—He—Arダイヤグラムを作成した検討によりますと、長白温泉の水は地殻内の岩石の放射性物質の放射崩壊によるHeを表す点と、空気で飽和した地下水で代表される地表水の二点を結ぶ直線状にプロットされ、マグマ起源の成分を特徴づける高いN_2/Heを示さないことがわかりました。また、空気と試料のN_2/Ar比およびHe/Ar比の関係を検討した結果でも、長白温泉から湧出する温泉水にはマグマ性のガスはほとんど混入していないと推定されました。

(7) 電磁気的調査

長白山火山に発達する熱水系の生じている場すなわち地下構造を明らかにするため二つの電磁気的調査を行いました。一つはAMT探査という地下の比抵抗構造[2]を明らかにするものであり、他の一つは自然電位調査と呼ばれているもので地下における流体流動に関する情報を得るものです。以下に各々について述べることにします。

AMT法とはMT法（Magneto-Telluric 法、地磁気・地電流法とも言います）の一種であり、地表における電場と磁場の測定から、地下の比抵抗構造を求める方法です。MT法では対象とする深度に応じて種々の周波数を使いますが、AMT法は比較的高周波数帯（可聴域帯）を用いるので、得られる構造も比較的浅部のものになります。今回の調査では五一二〜四ヘルツ間の八周波数を用いました。推定される地下構造の深度としてはおおよそ地下一〜二キロメートル程度です。測定結果は二次元インバージョン法[3]によって解析され、結果は比抵抗断面図として表されます。

天池湖岸から長白温泉を通り、さらに山を下る測線についての解析結果を示します（図21）。深度一、〇〇〇〜一、二〇〇メートル以深では一〇〇Ω・メートル以上の比較的高い比抵抗を示していますが、深度一〇〇〜一、〇〇〇メートル位までは、三〇〜一〇〇Ω・メー

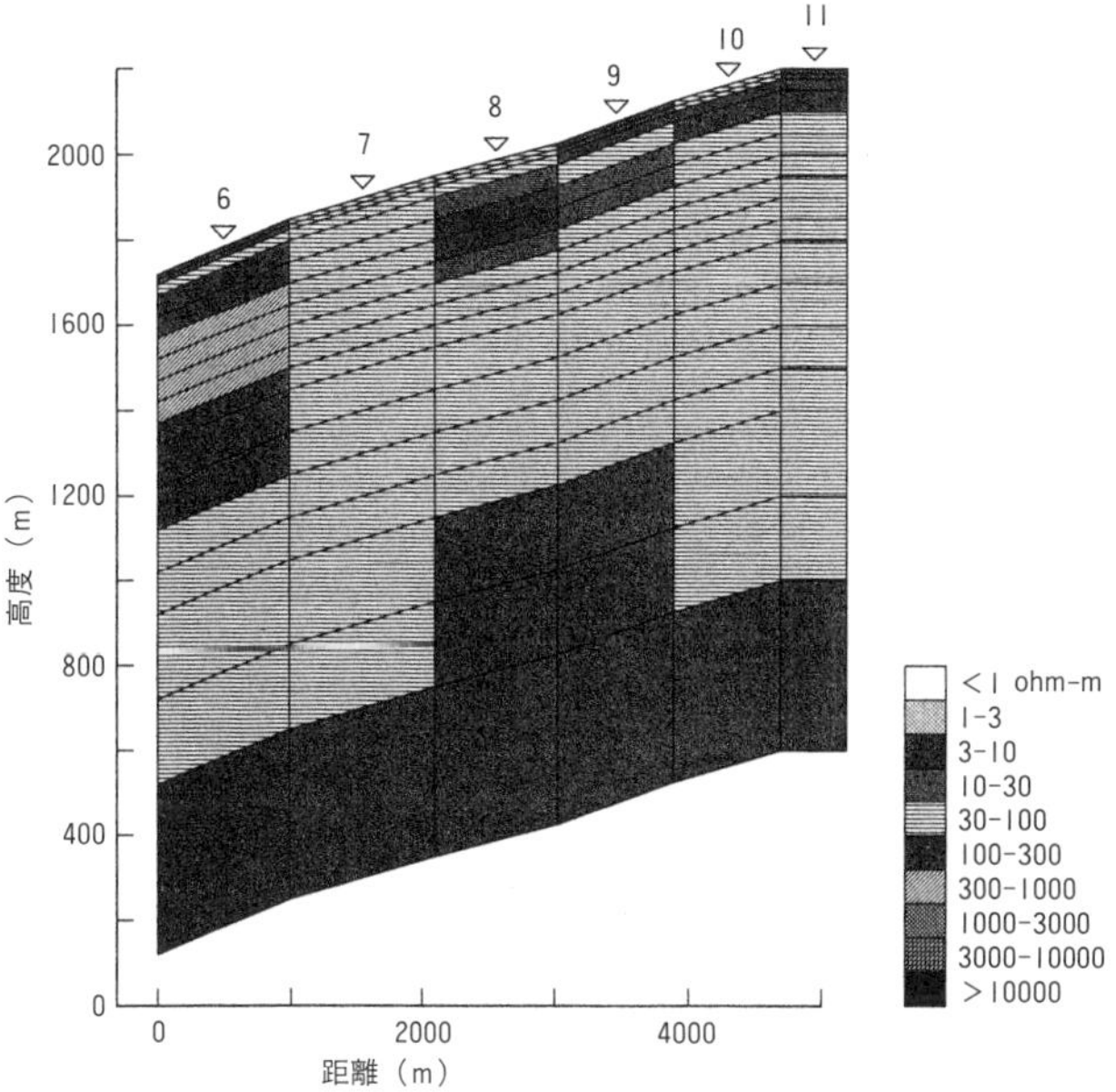

図21　長白山火山山腹の比抵抗分布。長白温泉は測点8近傍。

トルの低比抵抗が分布しています。測点7、8ではこの層が地表付近まで分布しています。測点8、9では深度五〇〜三〇〇メートルには、三〇Ω・メートル以下の特に低い比抵抗が得られています。また、測点8、9では高比抵抗が深度八〇〇メートルくらいまで盛り上がっているように見えます。測点8は温泉湧出地点であり、地下に温泉水の貯留層の存在を示していると推定されます。この低比抵抗はさらに山頂側の測点9に続

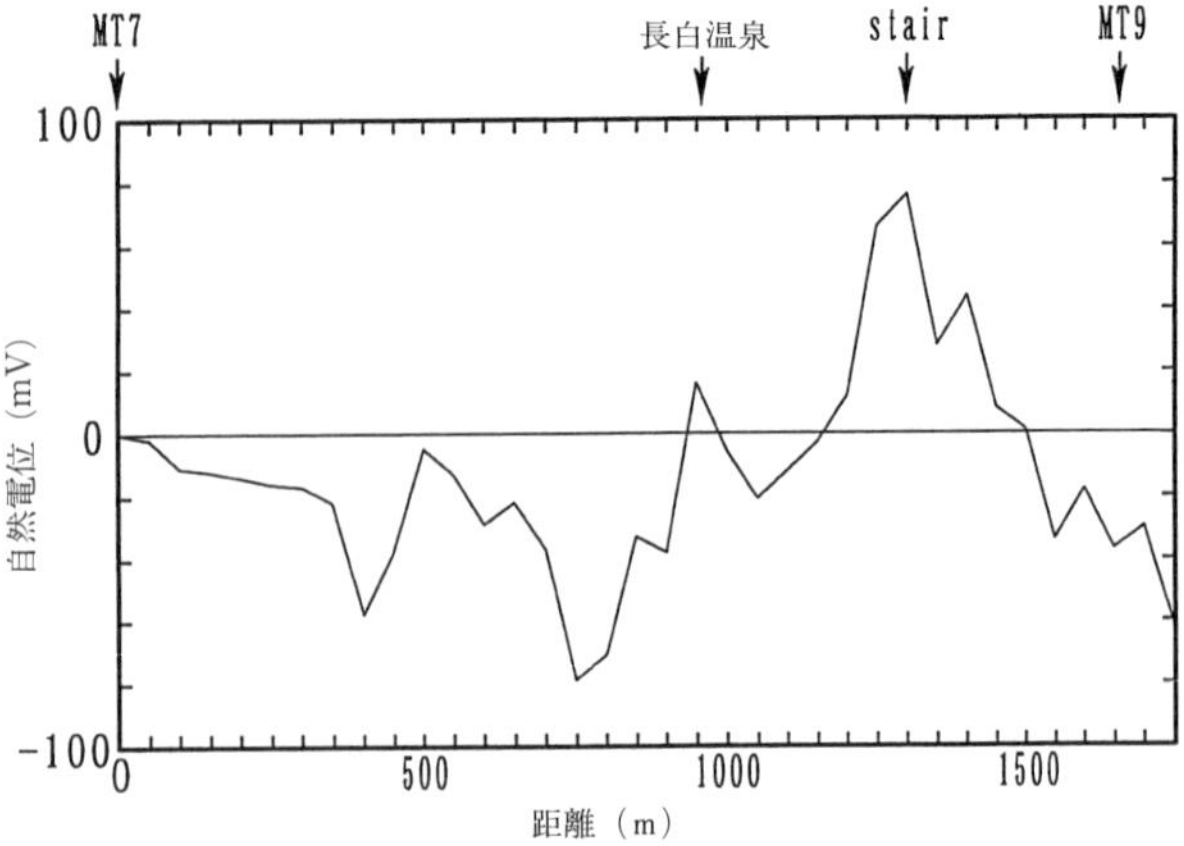

図22　長白山火山山腹の自然電位分布。温泉水湧出地点のやや山頂側に正の自然電位異常が見られる。

くのですが、それより山頂側には見られません。この測点8、9における浅部の低比抵抗の存在は温泉水が上昇から側方流動へ転換することを暗示するものと考えることができます。

次に図22に自然電位測定結果を示します。AMT法測点9より、山麓側で測定を行った結果です。温泉湧出地点のやや山頂側に高電位異常が得られています。一般に熱水の上昇地域では高電位異常が、下降地域では低電位異常が生じることが知られています。この地域は、すでに述べた土壌ガスなどの測定結果から、深部からの温泉水の上昇が推定されている地域です。

このようなことを考えると、自然電位測

定の結果は、温泉湧出地域のやや山頂側に温泉水上昇域があることを推定させます。

一〇世紀の長白山火山噴火と渤海国滅亡は関係があるか？

長白山火山では、一〇世紀にわが国（北海道・東北地方）にも厚さ数センチメートル火山灰を降らせた巨大噴火が発生しています。この噴火が発生した時期に中国王朝である「渤海国」が滅び「遼国」に移り変わっていますこの移行にこの噴火が関わりがあったのではないかと言われています。しかし、この噴火については古文書には記載されておらず、詳細は明らかではありません。この噴火の規模は巨大で、降下軽石堆積物、火砕流堆積物等の噴出物が火口から数十キロメートル以上に到達していると言われています。周辺地域の自然環境・社会環境に大きな影響を与えたことが予想されます。しかしながら、現在では、山麓から山腹にかけて、白樺林をはじめ、広葉樹林から針葉樹林までが広大な地域に発達しています。

3　地熱系モデル

地熱地域における種々の観測に基づいて、どのような地下構造のもとで、どのような熱と水の流れが生じているかについて明らかにすることを地熱系のモデルを作ると言います。このモデル作成には通常二つの段階があります。最初の段階は「地熱系概念モデル」の作成で、さらに進んだものが「地熱系数値モデル」の作成です。概念モデルの作成とは、種々の観測データに基づいて、ある地下構造のもとで、どのような熱と水の流れが生じているかを概念的に示したもので、一つの模式的な図によって表現されると言ってもよいものです。この概念モデルもデータの量と質に応じて色々なレベルのものがあり、新たなデータが取得されるに従って、次第に改良されます。なお、概念的と言っても、温度や圧力あるいは流体の流量に関する具体的な数値が入る場合もあります。また、数値モデルの作成とは、概念モデルで示されたものが、物理的・数学的に実現しうるかどうかをコンピュータによる数値シミュレーションによって具体的に示すことです（自然状態モデルを作成すると言います）。さらに進んだ場合では、自然状態モデルを使って、実際に地熱流体の生産・還元が行なわれた場合の温度・圧力等の地下の応答をも説明する（ヒストリーマッチングという）ようなプロセスを経たモデルが作られる場合もあります。この場合は、数学的な意味での厳密性はありませんが、必要十分条件を満たした精度のより高いモデルということができます。

さて、長白山火山下に形成されていると思われる概念モデルを考えてみることにします。

まず、概念モデルを作るにあたって必要と思われる観測データをまとめてみましょう。

①　最も地表地熱活動が活発なのは長白温泉地域であり、この地域近傍で地下から地熱流体が上昇し、地表で流出するとともに、一部はさらに地下に伏流し、山麓側に流出していきます。なお、長白温泉における熱水の上昇地域は、温泉湧出域そのものよりも、やや山頂側にも寄っていると考えられます。

②　火口である天池周辺にも地熱流体の上昇が推定されます。

③　長白温泉の自然放熱量は約二〇メガワットで、その大部分は温泉放熱量です。温泉湧出温度の最高は八〇℃を超え、平均温度は約六〇℃です。温泉湧出量は約六、五〇〇トン／日（七五キログラム／秒）です。

④　長白温泉の温泉水の化学成分から推定される地下における熱水の化学平衡温度は一六〇℃程度です。このことは、温泉として最終的に湧出する以前に、岩石と水の化学反応が平衡状態を保つような、熱水の貯留層が存在することを推定させます。

⑤　長白温泉地域の比較的浅部に熱水の存在を示すような低比抵抗層が存在します。

以上はわれわれの研究によって初めて明らかにされたことですが、これまでに中国の研究

者によって行われた研究をまとめてみると（一部の結果はわれわれの研究からも改めて支持されました）、

⑥ 長白温泉から湧出する温泉水中に含まれるガスの起源は地殻起源でなくマントル起源のものが含まれます。

⑦ 長白温泉から湧出する温泉水の起源は大部分が地表水起源です（ただし、一般に数パーセント以内のマグマ水が寄与していても分析精度からはその存在を否定できません）。

⑧ 火口湖である天池周辺には断裂系が発達しており、北東─南西方向及び南北方向に発達するものが卓越しています。特に長白温泉周辺では、南北方向の断裂が卓越するとともに、温泉湧出点の並ぶ方向と同方向の北西─南東方向の断裂の発達も見られます。

⑨ マントルに存在が推定されているマグマだけでなく、地殻浅部（深さ七、八キロメートル）にもマグマ溜りの存在が推定されています。

⑩ 岩石学的な研究から、地下に存在するマグマの温度は八五五〜一、〇七五℃の範囲が推定されています。このマグマは玄武岩質のものではなく、粗面岩質のものが推定されています。

なお、温泉水へのマグマ水の寄与については、矛盾するような結果が得られていますが、関与しているがその程度は小さいと理解することができると思われます。

以上のような調査研究結果を総合すると以下のような地熱系概念モデルが可能です。「長白山火山の地殻浅部七、八キロメートル深程度に存在するマグマからはマグマ性流体（主としてガス状態。H_2Oを主体とした火山ガス）が分離放出されています。上昇した火山ガスは火口湖である天池底あるいは天池周辺地域から地下に浸透流下してきた天水と混合し、天池下方（二キロメートル深程度）に熱水貯留層を形成します。この熱水貯留層からの熱水の一部が上昇し、天池周辺の断裂を通って、天池周辺の地表に到達し、温泉または噴気を生ずるとともに、大部分は南北方向の断裂に沿って、北側下方（山麓側）へと流下します。この北側下方に流下する熱水は流下の途中、さらに地表から浸透流下してきた天水と混合しながら、長白温泉近辺で北西―南東方向の断裂に沿って上昇し、温泉として湧出します。そして一部の熱水はさらに下方へ流動しています。」

以下ではさらに、上述の概念モデルに基づいて、プロセスの単純化を行うことによって、モデルの可能な数量的裏づけを示します。

長白山温泉から放出される熱量はマグマから分離・放出される火山ガスによって輸送される熱量に等しいとしますと（熱伝導によって輸送される熱量は無視できると仮定します）マグマから分離・放出される火山ガスの量を推定することができます。マグマ上面の深度は七～八キロメートル程度であり、マグマから放出される火山ガスの圧力はそこの静水圧にほぼ等しいとすると、約七〇〇気圧となります。一方、マグマを出発する火山ガスの温度は推定マグマ温度の下限に近いものとすれば、約八〇〇℃です。そして、火山ガスは H_2O のみからできているとすると、七〇〇気圧、八〇〇℃の火山ガス（過熱水蒸気）のエンタルピー h″は蒸気表より求めることができます。この h″で放熱量（二〇メガワット）を割ると、火山ガスの流量が推定され、これは約五キログラム／秒となります。この火山ガスは上昇して、天水と混合し、熱水貯留層を形成します。この熱水貯留層の温度は温泉水の化学成分から推定される平衡温度一六〇℃に相当すると考えられます。この熱水貯留層が約二キロメートル深で液体の水の状態であれば、貯留層内の水のエンタルピー h′は蒸気表より求めることができます。熱水貯留層から流出する流体が運ぶ熱量は長白温泉で放出される熱量に等しいとすると、熱水貯留層から流出する流量が求められ、約三〇キログラム／秒となります。従って、マグマから分離・放出される火山ガスが五キログラム／秒ですから、天池底及びその周辺から熱水貯留層に流入する天水は二五キログラム／秒となります。熱水貯留層から流出した熱水は長白温泉へ向かう途中でさらに天水の混合を受けますが、その量は七五キログラム／秒―三〇キログラム／秒＝四五キログラム／秒となります。従って、このモデルでは長白温泉から放出される水七五キログラム／秒のうち、五キログラム／秒すなわち、温泉水として湧出する水全体の六～七パーセントがマグマ起源ということになります。水の同位体比研究からはマグマ水の五パーセント程度が含まれていても有意に検出できないということを考えると、ここで推定されたマグマ起源水六～七パーセントという値はやや大きいのですが、実質上含まれるマグマ水が少ない、言い換えると、同位体比研究から推定される、長白温泉から湧出される水のほとんどは天水起源ということと矛盾しないと考えられます。

以上述べましたように、本地域で想定される熱水系はわが国の火山地域で見られる熱水卓越型地熱系と同じようなものが想定されます。そして、このような熱水系を維持するためにはマグマのような特別の熱源を必要とするということであり、量的には少ない（地表で放出される全水量の数パーセント以下）が、マグマ水の寄与が熱水系の発達（いまの場合、温泉の形成）に大きく貢献していることになります。そして、本熱水系の場合には想定されるマグマは玄武岩質ではなく、粗面岩質のマグマが推定されます。すなわち、本地域に発達して

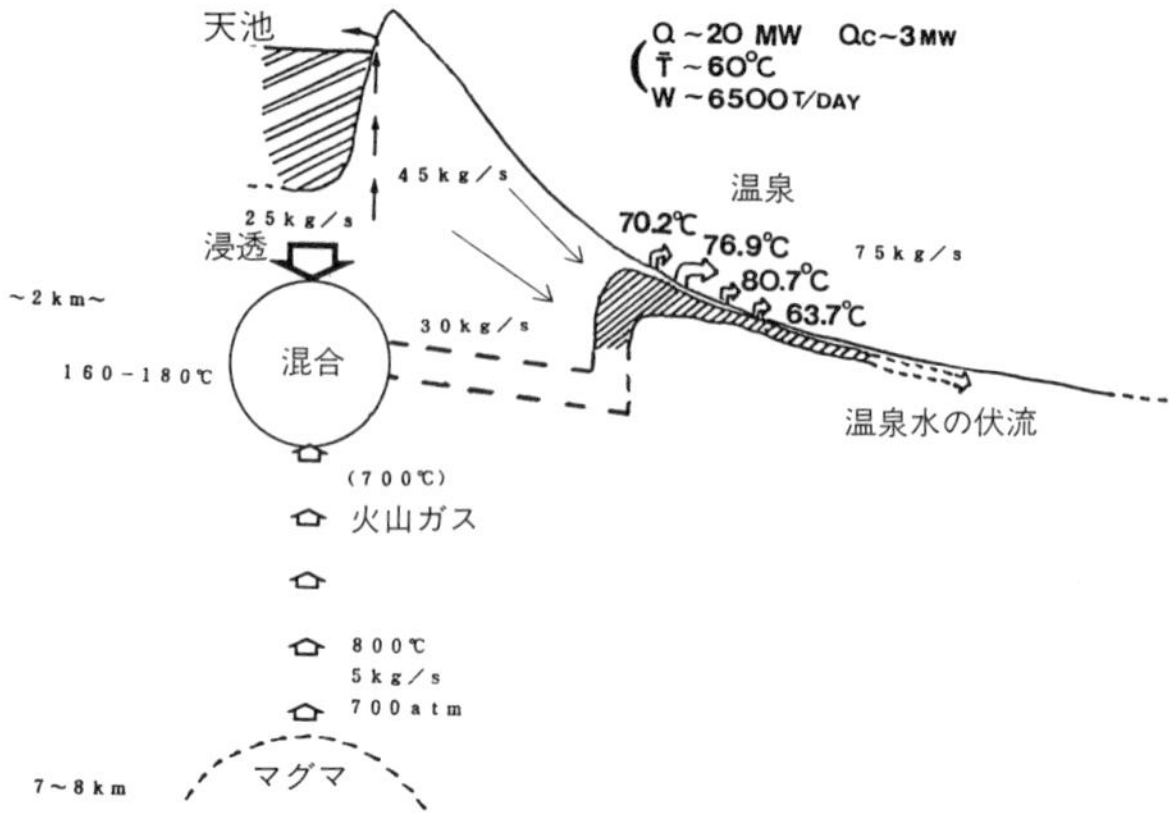

図23　長白山温泉の熱的モデル

いる地熱系は玄武岩質マグマの活動に伴なって形成されたのではなく、最近一万年間の火山活動でその割合が著しく急増している粗面岩質マグマに伴なって形成されたものと考えられます。このような新しい地熱系の発達は温泉湧出地域およびその周辺に見るべき地熱変質帯がないこととも符合しているのではないかと推定されます。最後に、現在までに推定された熱水系概念モデルを図23に示しました。このモデルの中に示された数値は、今後作成されるより進んだ概念モデル、さらに数値モデルの中で変更されていくものと考えられますが、熱水系の基本的な姿には大きな間違いはないと考えています。

4　長白山火山の噴火

最後に長白山火山の将来の噴火活動について触れることにします。すでに述べたように、最近一万年以内の噴火活動の間隔は、おおよそ一三〇〇年から一五〇〇年で、二〇〇〇年に達するものもありますが、暗灰色の粗面岩質火砕流および火山灰と灰白色のアルカリ流紋岩質軽石及び火山灰が交互に噴出しています。これらの規則性から次のようなことが推測されます。「長白山は今後再び大規模な火砕流と火山灰噴火が起こる可能性がある」と。

八卦廟《はっけびょう》期の噴火（今から約一、〇〇〇年前の大規模なプリニアン噴火(4)。これによって、天池のほとんどが形成されたと言われています。日本海、北海道、東北地方で厚さ数センチメートル程度の火山灰が確認されています）以降、小規模の噴火は絶えず、その間隔は一〇〇年前後（西暦一四一三年、一五九七年、一六六八年、一七〇二年、一九〇三年。ただし、いずれも記録に残されているだけで、多くは噴出物が確認されていません。しかし、ごく最近の研究によって、たとえば一七〇二年の噴火の噴出物などは確認されています）で、その活動間隔から推測すると、今後一〇〇年以内には長白山で噴火することが十分推測されます。

そして、規模はわかりませんが少量の火砕流および火山灰が噴出することが考えられます。近年の地震観測資料によれば、毎年微小地震が発生し、平均マグニチュードは〇・七で最大二・五クラスと言われています。これらの地震は火山性地震に分類されます。地震の回数は次第に増加し、一九八五年に三回、一九八六年に一二回、一九九一年には二九回に達しています（なお、これは近代的な火山観測所ができる前の観測結果です）。火山体が隆起傾向にあることも考慮すると、地下マグマ溜まりの揮発性成分と水分が増加し、内部圧力が次第に増加していることが考えられています。一九八六年以降、天池周辺の三個の温泉の泉温観測結果から見ると、四年間に一・二℃上昇していると言われています（ただ、この温度上昇が有意なものかどうか判断が難しいところです）。天池の水、温泉水の中のNa^+やK^+も増加しています。これらの説明として、この地域で火山活動が進行中であり、休止中の火山が活火山に変わりつつあるとも言われています。このようなことから、この火山の山腹に中国で最初の火山観測所が建設されたのです。

長白山火山では、夏には毎年多くの観光客が登山すること（口絵写真6）及び山麓には観光ホテルなどが多数建設されており、火山活動の監視は重要な課題と考えられます。

これまでの火山噴火の間隔が今後も続くと考えるならば、一〇〇年に一度の小噴火、あるいは千数百年に一度の大噴火は当然予想されます。すなわち、今後噴火がいつ起こっても不思議はないことになります。大噴火には必ず大きな前兆現象を伴なうことが予想されます。従って、近代的な火山観測所による火山活動の監視が行われている限り、千数百年に一度程度の大噴火に関しては、前兆現象もなく、突然の噴火に襲われる可能性は少ないと考えられます。

一方、上述の大規模なマグマ噴火ではなく、一〇〇年程度の間隔で、水蒸気爆発と思われる噴火が発生していることも知られています。今後確率の高い噴火はこの種のものであると考えられます。水蒸気爆発でも火山体の膨張が十分予想されます。また、水蒸気爆発の場合には、現在活動中の熱水系に影響を与える可能性が十分考えられます。長白温泉の湧出温度の最高温度は約八〇℃でこの四十数年間ほとんど変化していません（上述したように一九八六年以降の四年間に一・二℃の上昇が見られるとも言われていますが）。従って、長白温泉の湧出温度変化のモニタリングも火山活動の重要な指標となりうると思われます。

長白山火山の噴火と大分県九重火山の噴火が同時に起こる？

私たちは大分県にある九重火山を研究対象にしており、九重火山の活動の周期性に興味をもっていましたが、長白山火山の活動の周期性を知ってその類似性にとても驚きました。最近一万年以内の長白山火山では大規模マグマ噴火が千数百年に一度発生していることが知られていますが、大分県にある九重火山も最近の一万五〇〇〇年以内には全く同じように千数百年の間隔でドームを作るようなマグマ噴火が発生しています。また、両火山とも最近の五〇〇〇年程度以内には水蒸気爆発と推定される噴火が一〇〇年程度の間隔で発生しています。両者がほぼ同じ年に噴火活動が発生したこともあります。一、〇〇〇キロメートル以上も離れた、かつ全く性質も、規模も異なる二つの火山が、ほぼ同期して噴火活動を起こすとは、ほとんど偶然と考えられますが非常に不思議なことです。

第五章　阿爾山《アルシャン》温泉と伊爾施《イルス》火山

1　中国・モンゴル国境のまぼろしの温泉へ

中国東北部の平原を地殻熱流量の調査で駆け回っていた時、ある新聞記事を同行の金教授より紹介されました。それは短い記事でありましたが、中国・モンゴル国境近くに多数の温泉が存在しており、長白山火山にある温泉と匹敵するほどの活発なものであるというような紹介でした。それを知ると是非とも調査に訪れたいと思うようになり、大陸内部の玄武岩質火山に発達する地熱系の例として、共同研究の対象としたものです。

一九九六年七月長白山火山の調査を終えて、一度長春に戻り、今度は西へ向かい、阿爾山温泉のある内モンゴル自治区に向かいました。途中、ウランホトで一泊の予定でしたが、国境地帯への入山許可を得るためさらに一泊を要しました。内モンゴル自治区の主要都市であるここウランホトでは、折しも内モンゴル自治区成立五〇周年の記念行事が進行中であり、街中至るところに赤い横断幕が張られていました。

入山許可を得てウランホトを出発したのが到着して三日目の午後三時過ぎでした。北西に向かうにつれて、小高い丘（小山）が見られるようになり、次第にその集合体、すなわち南部大興安嶺山脈へと入っていきました。高度は一、〇〇〇メートルを超えるくらいであまり高くはなく、地形も緩やかです。途中の景色は緑色の草原から、色とりどりの高山植物群、白樺林、針葉樹林へと変化していきます。道は狭く、一部に砂利を敷いた未舗装の悪路です。この道路を可能な限りのスピードを上げて走るため、われわれは車にしがみついていました（道を急ぐ運転手は私たちの要望をあまり聞いてくれませんでした）。それでも、後部座席では突然のジャンプには対応できず、頭と尻を続けて強打し、しばらくは息ができないようになったり、背中を痛めるなどの被害が続出しました。震動による機器の故障が心配されましたが、それより先に、車のあちこちにガタが来始めました。後部座席へ乗り込むためのステップのボルトがなくなり、ステップはガタガタになってしまいました。それでも、平均時速は四〇キロメートルを超えず、その日は午後一〇時過ぎ、現地林業局の招待所（宿泊所）がある、阿爾山まで約五〇キロメートルの五分溝《ごぶんこう》で宿泊することにしました。さすがに星空は見事でしたが、気温は七月末にもかかわらず一〇℃以下で肌寒い感じでした。

翌日は午前七時過ぎに、好天の中を出発し、昼前には阿爾山につきました。谷間の平地に広がった村という感じです（口絵写真7）。温泉湧出箇所は幅一〇〇メートル、長さ七〇〇メートルの狭い領域に限られているようで、この温泉水を利用して、療養院が作られていました。ここには大きな浴槽やプールもあることから、ここに宿泊することになったのです。大きな浴槽は疲れを癒すのに最適で、中国へ来て、まさか連日ゆったりと浴槽につかれるとは思っていませんでした。宿泊といっても、病室に滞在するわけで、治療は受けないが療養と全く同じ形でした。なお、特別な温泉治療はしませんでしたが、移動途中の車の中で背中を痛めたメンバーの一人は療養院で鍼治療を受け、そして連日入浴した結果、現地を出発するまでにはほとんど回復しました。最初に泊まった部屋の隣は診察室でしたし、建物内は当然、患者や白衣を着た医師が歩いています。治療のためでもない私たちを、よく滞在させてくれるものと、感謝と奇妙な感じが入り交じった複雑な心境でした。しかし、調査地域はごく近く（療養院そのものが調査地域内にあります）、まことに便利でした。当初、この阿爾山温泉は玄武岩質火山と関係した、長白山火山山腹にある長白温泉と同じような温泉との情報を持っていましたが、伊爾施火山との地形的なつながりや周辺の岩石をみると、不安な感じがしてきました。地表水が地下に浸透し、地下深部の岩石に加熱され、構造線（断層）上に湧出した低温熱水系の例ではないかと。すなわち火山性温泉ではなく、非火山性温泉ではないかとの印象を持つようになったのです。阿爾山温泉の背後の山はジュラ紀（今から二億五〇〇〇万年前から一億三五〇〇〇万年前）の流紋岩であり、その下には燕山期《えんざんき》（今から六五〇〇万年前から一億三五〇〇万年前）の花崗岩が推定されているのです。

内モンゴルにある旧日本軍の飛行場跡・トーチカ跡

ウランホトから阿爾山温泉への道は、大興安嶺山脈と果てしない草原を横断するルートでした。その途中、緑の草原の中に旧日本軍の飛行場跡がありました。そして、滑走路周辺にはコンクリート製のドーム状の格納庫が点在しています（写真5）。屋根が半分壊れ、あたかも開閉式のドームが半分くらい開いた状態のようなものも見られます。今から五〇年くらい前に、ここに日本軍が駐留していたことが信じられませんでした。軍用機は頻繁に往復したのでしょうか。また、鉄道に沿って、ところどころに旧日本軍のトーチカが残っています。補給も十分でなく、過酷な気象状態のこんな奥地まで、何故旧日

写真5　内モンゴル自治区の平原で見られた旧日本軍の格納庫跡

本軍は進出したのかとの思いは調査旅行中頭からずっと離れませんでした。しかし、遠方に派遣された軍人一人一人はそれぞれ多くの責務と苦悩を背負っていたに違いありません。少々、感傷的ではありましたが、祖国へ帰りたくとも帰ることのできなかった人々への鎮魂の意味を込めて、格納庫の一部であったコンクリート破片を持ち帰って来ました。

2　阿爾山温泉の歴史

到着した日の午後、療養院の院長先生（専門学校で水文地質の教育を受けていると言われていました）から、阿爾山温泉の説明を受けました。以下はその概要をまとめたものです。

何と、この温泉の科学的調査は一九二〇年代に五年間にわたってロシアによって初めて行われていたそうです。水文学的な調査が行われ、四八個の温泉が確認され（口絵写真8）、泉温・湧出量も測定されました（図24）。その後、浴用として、ロシア人やモンゴル人が利用していたようです。一九三四年から四四年にかけて、日本（軍）がここに進出し、水文関係の調査も行われ、裂か状温泉と判断したようです。温泉番号34の地点で三三・五メートルの掘

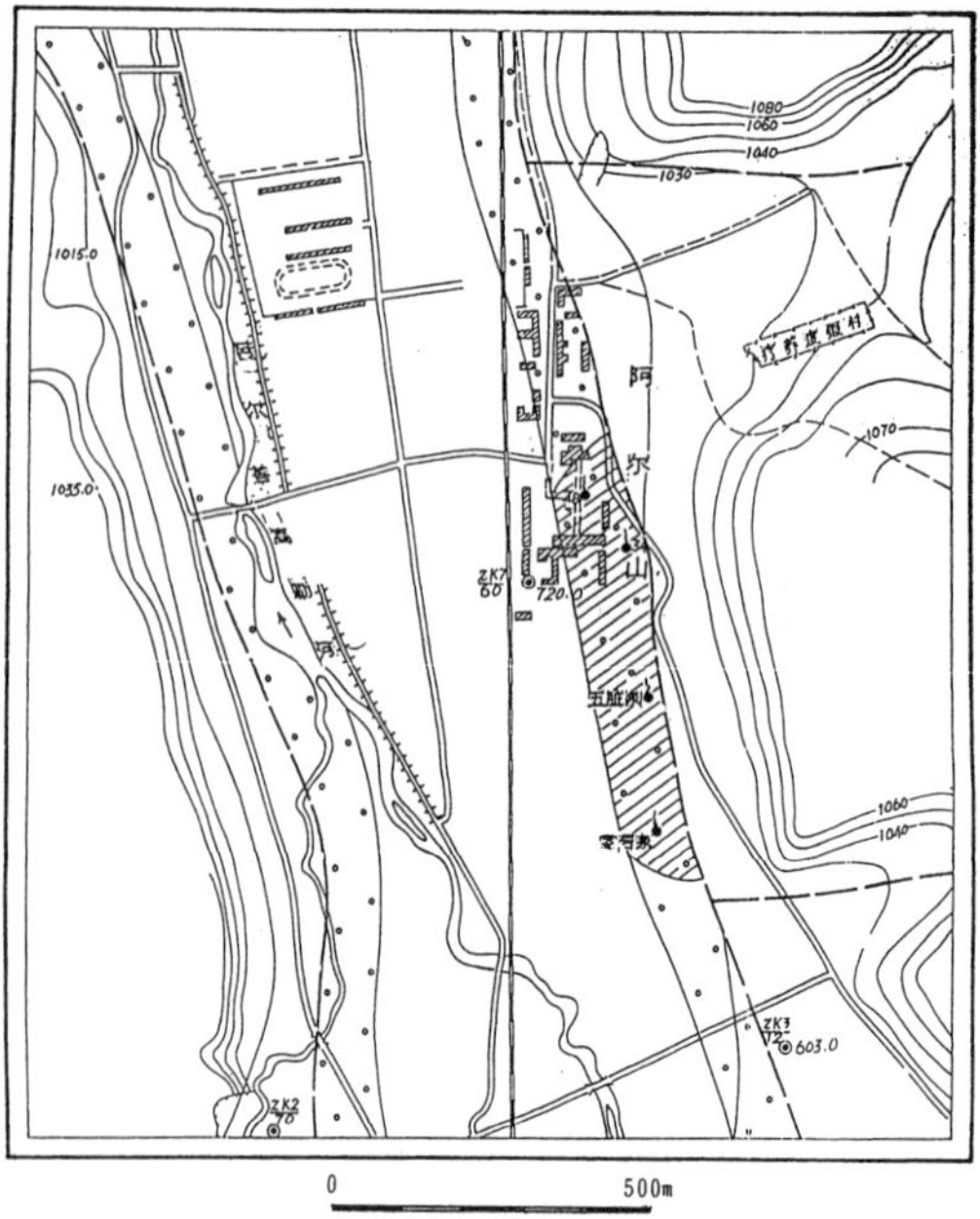

図24　阿爾山温泉の分布図。図中斜線で示した範囲に温泉湧出点が存在している。

削が行われ、二二トン／時の湧出量が得られ、それまで自然湧出のままの利用であったものが、これ以降、配管を行う利用法に変わったと言われます。一九三八年には日本人の内田重新・山口四郎が温泉地域の地質調査を行い、温泉中にラドンが含まれていることを明らかにしています。温泉湧出地域内に石造りの建物が日本（軍）によって建設され、それは現在も一療区（病棟は一療区から五療区までの五つに分かれています。（口絵写真9））の病棟として使用されています。当時、何とかという中将も泊まったそうです。さすがに、ここの病室はより上等であり、後にわれわれはこちらへ移動しました（最初滞在した二療区の病室が夕立で大量の雨漏りがしたためですが）。一九四七年から一九五六年までは中国政府の管轄になり、東北地区の軍隊の補給部隊が管理することになったそうです。そして、一九五六年以降、地方政府（内モンゴル自治区）の管理となりました。その後、北京、長春、内モンゴル等からも調査隊が派遣されているということでした。

3　阿爾山温泉とは

これまでの調査結果から以下のようなことがわかっていました。泉質は炭酸ナトリウムを主とし、ラドンが多く含まれています。pH は中性から弱アルカリ性の七・〇から八・三です。水温は一・五～四八℃で、湧出の特徴として高温温泉と低温温泉が近接してセットで湧出することです。このような特徴は阿爾山温泉と伊爾施火山の火口湖（後述。阿爾山温泉から北東方向へ三〇キロメートル）を結んだ線上に存在する小温泉（後述。阿爾山温泉から北東方向へ一八キロメートル）でも同じです。また、この線上に雪が積もらない場所が点々とあると言われています。伊爾施火山地域は更新世（今から一六〇万年前以降）の玄武岩質火山地域とされており、地質図では、天池（火口湖）の位置に第四紀火山のマークが付けられています。また、伊爾施火山よりさらに奥（北東側）にも伊爾施火山より大きな火口湖を持つ火山がいくつもあると言われています。後述しますが、地形から見て玄武岩質火山と見られるものが伊爾施火山周辺一帯に多く存在しています。伊爾施火山は近くまで車で行くことができ、かつ火口湖の天池が観光地（中国三大天池の一つ）として知られていることから、この地域周辺の代表的な火山として伊爾施火山の名称があげられているのではないかとも思われました。

一九八五年頃までの温泉水の利用は浴用・飲用を主とするものであったようです。地元の人は「聖水」と考えていたので、地下に手を加え積極的に利用するということは考えなかったようです。また、各種の調査結果から、温泉利用のためのいろいろな提案がなされたようでしたが、いずれも取り上げられなかったようです。地下五〇センチメートル以深に穴を開けることさえも法律で禁じられていたとのことです。一九八七年になって、温泉水利用の暖房が始められました。正月の厳冬期になるとボイラーで加熱されるとのことです。一九九三年に吉林省地鉱局水文地質工程地質調査所により地下構造調査が行われ、その結果に基づいてと思われますが、一九九五年に深さ二八五メートルのボーリングが行われ、自噴量二五トン／時の温泉水を得ました。ポンプを用いれば四十数トン／時の揚水が可能でしたが、周囲の温泉への影響を考えて、ポンプは使用していないようです。泉温は四九℃であり、それまでの最高温度より一℃高いだけでした。事前にもっと高い温度を予想していたのでしたが、残念ながら温度は上がらなかったようです。なお、ボーリングコアによると、地表から九メートル深までは第四紀堆積物、その下はずっとジュラ紀の流紋岩です。なお、この流紋岩の下には花崗岩が推定されています。ボーリングで得られた温泉水は現在、内モンゴル自治区政府より資金を受けて、新たな建物を建設中であり（一九九八年七月には完成予定とあったので現在は完成しているでしょう。なかなかしゃれた建物でした）、サウナなどに利用することが計画されていました。また、まだ始まっていませんでしたが、魚の養殖や野菜の栽培にも利用したいと考えているようですが、資金不足でなかなか実行に移せないようでした。

ただ、温泉の今後の開発に関しては次のように考えているようです。熱水の循環システムや熱源など、基本的なことがよくわかっていないので、これらを解明した上で、妥当な開発利用をしたいと。地下の状態がわからないままに虫食い的に開発すればいたずらに資源を枯

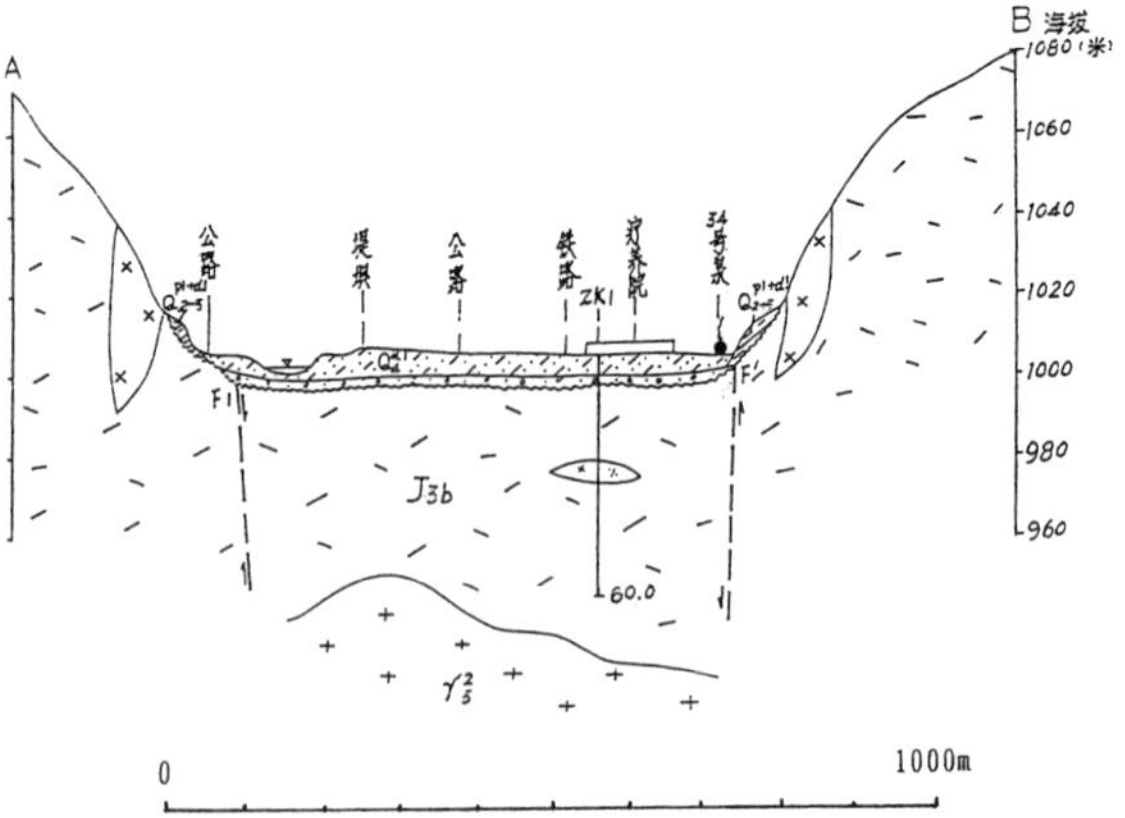

図25　阿爾山温泉地域の地下構造モデル

渇させてしまうことにもなりかねません。現在の泉源数は四九個で、うち一つは停止中です。総湧出量は七二〇トン／日、温泉放熱量は二メガワット程度と推定されます。これは長白温泉の一〇分の一程度です。このようなことを考えると、上述の温泉開発に関する考え方は、実に妥当と言えます。われわれの調査目的は個々の温泉調査ではありませんが、本地域を含んだ広域の調査結果を温泉の開発利用にも役立てたいと考えました。

図25に一九九三年に行われた調査結果に基づいて提案されている地下構造モデルを示しました。本地域は基本的には地溝構造をなしており、地塊の境界の断層が熱水の上昇通路となっていると考えられているようです。

4　阿爾山温泉の効能

阿爾山温泉の療養院のベッド数は約四三〇で、近隣から年間二四、〇〇〇人くらいの人々が訪れ利用していると言われています。平均滞在期間は一〜二ヵ月位です。ここの温泉はリュウマチによく効くと言われています。阿爾山温泉の温泉水の医学的な面での特徴としては、湧出口が近接しているにもかかわらず、適応症が多様なことです。各温泉には番号とともに、適用病名をつけた温泉名がつけられています。たとえば、番号1は頭痛泉、番号2は胃病泉、番号3は眼病泉、番号4は鼻病泉という具合です。そして、番号7の五臓泉は五〇センチメートル程度離れて、五つの湧出口が並んでいます（コンクリートで固められた枠に五〇センチメートル間隔で五つの穴があけてあり、そこから鎖をつけたコップをいれ、温泉水を汲み上げて利用するようです）。それらは何と一個ずつ効能が違うのです。心臓からはじまり、肝臓、脾臓、肺、胃となっています。本当にそのような微妙な効能の違いがあるものかはにわかには信じられませんが、患者はそれぞれに応じて利用しているようです。

多くの患者が早朝から入浴・飲用にとあちこちを移動しています。年配の人が多いのですが中学生くらいの女の子が母親と一緒に療養にきているようなケースも見られます。現地を出発する早朝、午前四時に起きて、利用前の温泉水のサンプリングを行いましたが、すでにうす暗いうちから多くの人が起き出して、入浴や目の治療を行っていました。真夏の七月二十七日午前四時四五分の気温は何と六・五℃でした。阿爾山温泉地域では年平均気温マイナス三・三℃、最低気温マイナス三四・一℃、年間降水量四〇〇ミリメートルと言います。療養者の熱意と冬の厳しさが実感されました。

ノモンハン事件と阿爾山温泉

ノモンハン事件とは第二次世界大戦中、旧日本軍が中国・モンゴル国境（ノモンハン）で旧ソ連軍と衝突し、大きな損害を受けるとともに、その実態があまり知られていない武力衝突事件です。実はこのノモンハンと阿爾山温泉は距離一〇〇キロメートル以内とかなり近いことを知りました。阿爾山温泉にある療養院の建物の一部は旧日本軍のものです。軍人達はここで静養したこともあったのでしょうか。何とかという中将が滞在したことが知られているようですが、高官だけだったのでしょうか。また、すでに述べましたように、一九三八年には二名の日本人が阿爾山温泉の調査を行っています。旧日本軍の要請であったのでしょうか？

5　もう一つの温泉――小温泉――

阿爾山温泉の北東一八キロメートルに温泉湧出箇所が存在するとの情報を現地で得たので、これも調査対象地域としました。この小温泉の北東方向さらに一二キロメートルに伊爾施火山があることになります。小温泉は山間の緩傾斜の草地の中にありました。最も温度が高く（三九・一℃）、湧出量が多い（数十リットル／分程度）湧出口を一×二メートル程度の浴槽で囲い、さらにそれが小さな建物の中に入っています。夏の間だけ、林業関係の人に利用されているようです。浴槽の底には小さな丸い石が敷き詰められていて、温泉水が底から直接湧出しています。かなりの気泡も上昇しています。温泉水とともにガスも採取しました。この温泉水の南西側約一二五メートルに湧出量の少ない二湧出地点（温度は二〇・八℃および一八・〇℃）、北東側約三〇〇メートルに小川のような温泉水の流れがあり、川底のあちこちから温泉が湧出しています。総湧出量は浴槽のある温泉に匹敵すると思われました。ガスも湧出しています。最高温度は三二・一℃でした。なお、最高温度は必ずしも湧出量が多いところではないようです。また、これらの温泉周辺の草地にはところどころに石だけが集まっているところが見られます。降雨があった場合にはそこからも温泉が湧出するとのことです。標高が高いところから温泉水が流下していることが予想されるので、流れに直交する方向に長さ約二五〇メートルの測線で地温・土壌ガスの測定を行いました。AMT探査も二ヵ所で行いました。この小温泉で確認された三つの自然湧出個所も北東―南西方向に並んでおり、伊爾施火山―小温泉―阿爾山温泉が並ぶ方向と一致しています。すでに述べましたように、この線上の他の部分でも冬期間雪が積もらない部分が知られていますが、実際には高温部分は伊爾施火山―小温泉―阿爾山温泉を結ぶ線上に多数存在しているのかも知れません。

6　伊爾施火山

小温泉からさらに北東へ一二キロメートル程度の距離に、伊爾施火山があります。実は伊爾施火山はこの近辺でもっとも高いあるいは大きい山というものではなく、あたりには同じような山体がいくつも見られます。正確には火山群中の一火山体というところです。この火山が特にその名前を取り上げられるのは、すでに述べたように山頂に火口湖があり、かつ車ですそ野まで接近でき、登山しやすい、すなわち観光的な理由によるのであろうと思われました。むしろ、あたり一帯の火山群を伊爾施火山群と呼ぶ方が適切かも知れません。すでに何らかの分類がなされているのかも知れませんが、現状ではそれらの資料が入手できていません。この伊爾施火山に向かって緩斜面が長く続きます。今は畑あるいは林になっています。この部分も（少なくとも一部は）玄武岩でできているらしい。所々に玄武岩溶岩流の露頭が見られます。そして、ある地点から急激に傾斜が増します。この部分から火山体と認識できます（写真6）。ここから山頂部まで、約二〇分で登ることができます。比高はせいぜい一〇〇メートル程度でしょうか。山体は針葉樹の林となっています。ところどころに溶岩が露出しています。山頂近くは一段と傾斜が増しています。低粘性の玄武岩質溶岩流ではとてもできないような急傾斜に見えます。しかしながら、登山道をよく見ると縄状溶岩があり、明らかに溶岩流に見えます。そこでこんな推論をしてみました。山頂近くの急傾斜部は噴石の堆積したシンダーコーン（阿蘇山に行ったことがある方なら、円錐型のきれいな小火山体「米塚」をご存じでしょう。高く噴出した噴石が堆積したものです）であり、噴火の最後の段階で溶岩流が流出したのではないかと。山頂には直径一キロメートル程度の火口湖――中国では天池と呼ばれています――があります（写真7）。あまり深そうな感じではなく、

写真6　伊爾施火山中心部。手前の道路部分も火山中心部に向かって緩やかに上昇している。

まさに池とか沼の感じです。中国三大天池の一つと言われていますが、面積は長白山火山天池の一〇分の一以下です。湖岸は湿地帯になっており、周囲を巡る時間はありませんでしたが、地熱活動の存在を想定しにくい印象でした。火口湖周辺の林に入ると溶岩塊が沢山みられます。黒っぽく明らかに玄武岩質とわかるものもありますが、高温で酸化したかなり赤いものもあります。この伊爾施火山は更新世の玄武岩質火山ですが、残念ながら、地熱系の発達は見られないようでした。

伊爾施火山―小温泉―阿爾山温泉と三〇キロメートルにわたる直線上の配列から、当初伊爾施火山下に存在する火山性流体の上昇流が側方へ流動して、一連の地熱徴候（温泉湧出）を形成する可能性も考えてみましたが、いずれも標高は一、

写真7　伊爾施火山の火口湖（天池）

〇〇〇～一、一〇〇メートルと同程度で、そのような可能性はあまり考えられないようです。以下ではもう一度阿爾山温泉にもどり、われわれの調査結果を紹介したいと思います。

7　阿爾山温泉現地調査

伊爾施火山そのものにはすでに述べたように地熱徴候は見られませんでしたが、阿爾山温泉・小温泉の地熱系がどのようなものであり、伊爾施火山あるいはそれを形成した火山活動とどのような関係にあるかを少しでも明らかにしようと地表調査を行いました。調査は主に温泉湧出点が広い範囲に存在している阿爾山温泉を中心に行いましたので、小温泉については補足的に述べることにします。なお、「阿爾山」とはモンゴル語で熱い聖水という意味です。

(1) 地温調査

図26に泉温分布を示しました。全部で四九の湧出点が知られています（そのうち一つは現在湧出停止）。本地域の地質構造は北北西—南南西に延びた二次元的構造をしています。泉温分布も同方向の二次元構造をしており、その中に、いくつかの高温部が見られます。そこで、この二次元構造に直角な方向に四測線を取り、一メートル深地温分布を測定しました。大部分の測定値は一〇〜二〇℃の範囲にありますが最低温度は三・六℃と真夏でも非常に低いことがわかりました。地温分布は北北東—南南西に延びる傾向を示しており、断層近傍で高温になっています。地温分布の伸びる方向は上述の断層の走向とやや異なるように見えますが、詳細な地質調査結果から、個々の小断層は北北東—南南西に延びていることが推定されており、個々の断層と地温分布の対応は非常によいことがわかりました。すなわち、このような浅層地温分布からも、断層に沿って地熱流体（温泉水）が上昇していることが理解されます。さらに、地温分布は中心より東側が高温で、西側が低温の非対称を示すことから、温泉水の上昇する断層は（少なくとも地表近くでは）垂直ではなく、東側に傾斜しているも

のと思われます。

(2) 赤外熱映像調査

温泉湧出地域の地表面温度異常を検出するため、赤外熱映像装置を用いて、調査を行いましたが明瞭な地温異常は検出されませんでした。温泉湧出地点はすべて建物内であることか

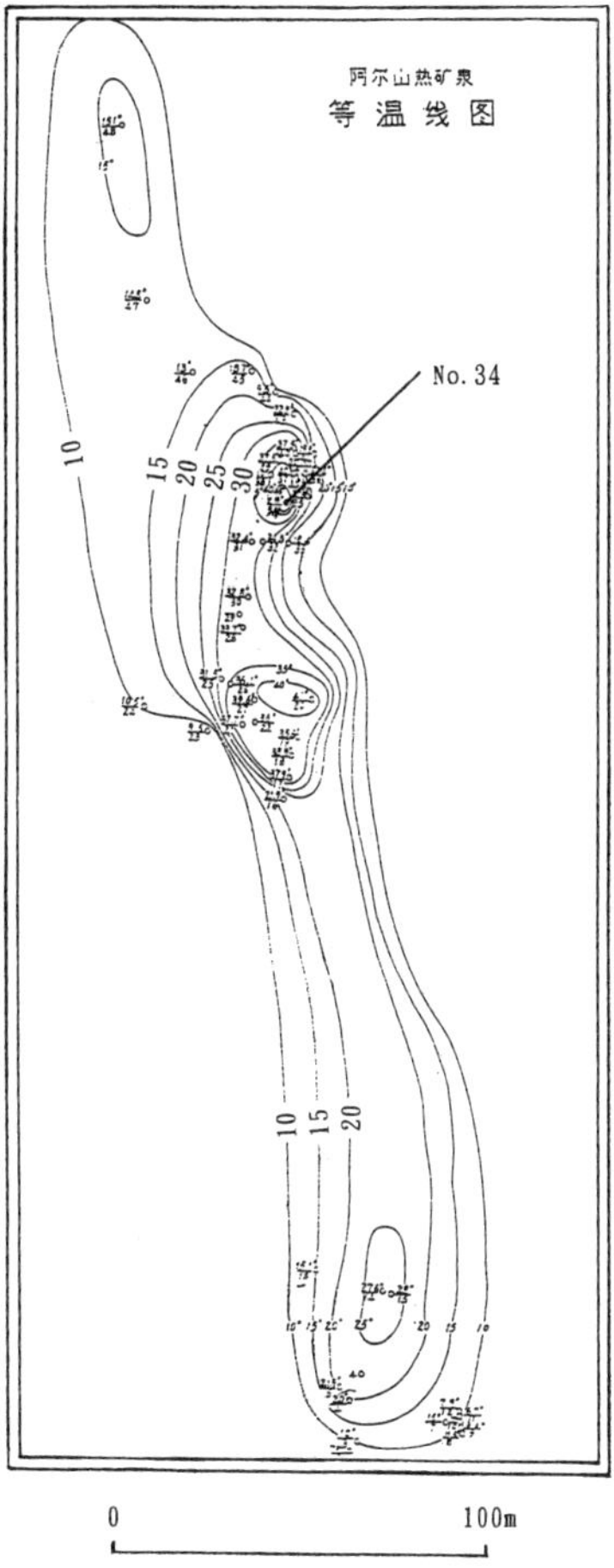

図26　阿爾山温泉の泉温分布

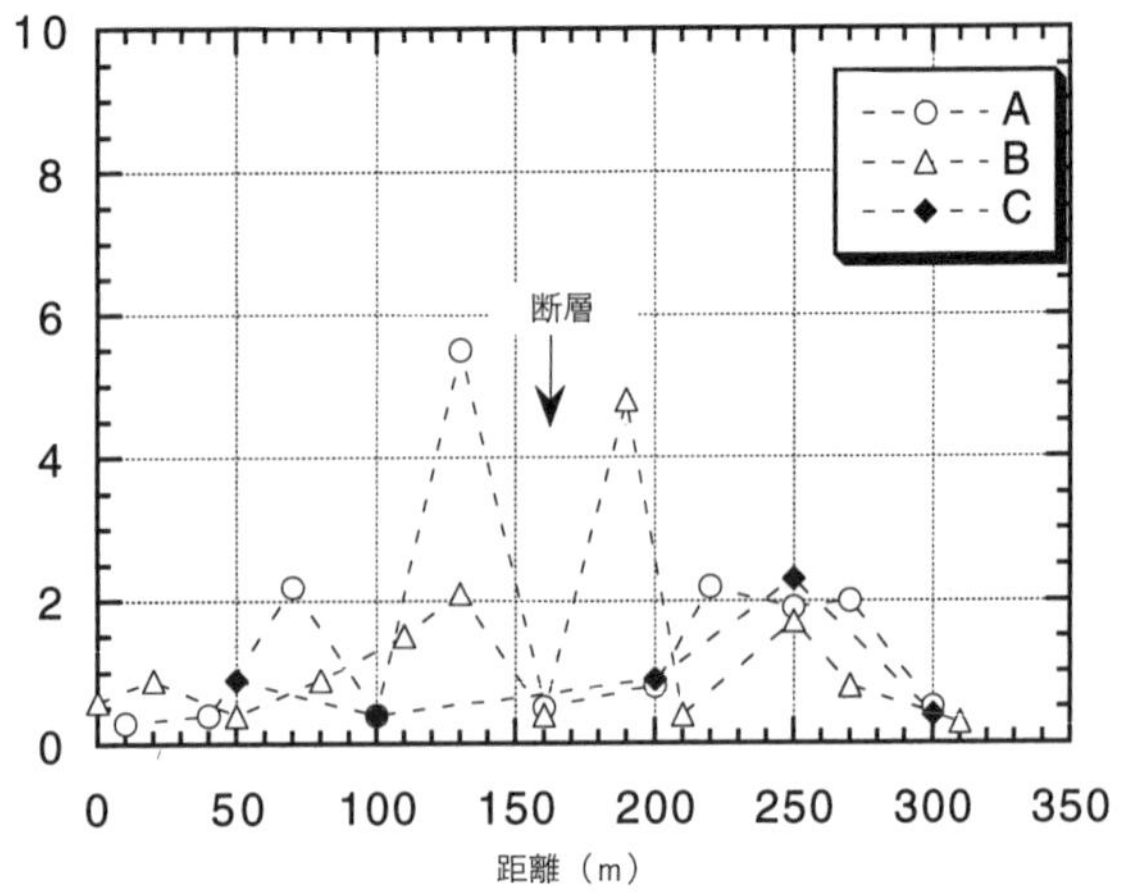

図27　断層沿いの土壌空気中水銀の濃度（単位はナノグラム）分布

ら、現在確認されている湧出点以外に、温泉水が湧出している可能性はほとんどないことが推定されました。

(3) 土壌ガス調査

地温測定とほぼ同じく、断層を横断する四つの測線について、土壌空気中の水銀、ラドン・トロンおよび炭酸ガス濃度の測定を行いました。結果の一例（土壌空気中の水銀）を図27に示します。断層と推定される直上では高濃度は観測されませんでしたが、断層近傍で高濃度を示しています。また、いずれのガスも断層の東側で高濃度を示しており、地温が高いところで、ガス濃度も高いことがわかりました。各種ガスが温泉水によって運ばれていることを示しています。

(4) 温泉水分析

阿爾山温泉および小温泉の温泉水の化学分析が行われました。阿爾山温泉のpHは七・〇〜八・八の弱アルカリ性、小温泉もpH約八の弱アルカリ性です。阿爾山温泉は$Na-HCO_3$タイプの温泉です。一方、小温泉はややSO_4が多く、$Na-HCO_3-SO_4$タイプの温泉です。なお、フッ素濃度が一般に高く、阿爾山温泉で平均八・四ppm、小温泉で平均五・六ppmでした。

化学成分比（Na—K—Mg）から、温泉水の地下における化学平衡温度を推定しましたが、約一二〇℃となりました。そして、約一二〇℃の深部の温泉水は上昇途中地表水と混合しながら、温度を下げ、最終的に最高四八℃程度の温泉水となって地表近くに到達しているものと推定されました。

また、温泉水の酸素・水素同位体比の分析から、水の起源は地表水であり、高温において岩石と水が反応した証拠が見られません。このことも上で推論された、温泉水の地下での温度が最高で約一二〇℃であることと一致しています。

8　温泉生成モデル

阿爾山温泉の調査はまだまだ不十分ですが、ここで、われわれの調査およびこれまで行われてきた調査をまとめ、阿爾山温泉の概念モデルを推定してみましょう。

これまでの調査結果は以下のようにまとめられます。

①　温泉湧出域は幅一〇〇メートル、長さ七〇〇メートルの断層沿いの限られた地帯です。
②　地温分布の特徴からは、断層に沿って地熱流体が上昇してきていると推定されます。
③　温泉水の化学成分にはとくに火山性起源である特徴はありません。
④　温泉水は地表水起源と推定されます。
⑤　温泉湧出量は一三・九キログラム／秒、平均温度は二七・二℃（最高温度四八℃）です。
⑥　三〇〇メートル掘削して得られた温泉水の温度は四九℃です。
⑦　温泉水の化学成分から推定される化学平衡温度の平均は約一二〇℃です。

⑧　この地域の低い地殻熱流量を想定すると（広域的な地殻熱流量分布から四〇mW／㎡程度ではないかと推定されます）、化学平衡温度一二〇℃に達するのは約六キロメートル深です。

以上の結果からは、温泉水の温度および地下深部における化学平衡温度も低く、また化学成分からも温泉水の起源が火山性であることを特には要しないことがわかります。また、地殻熱流量は高くなく、優勢な熱水対流が発達しているとは考えにくいのです。断層の存在からも透水性のよい構造が、熱水の上昇に大きな効果を持っていることが推定されます。このようなことから、阿爾山温泉の生成は以下のように考えられました。

すなわち、阿爾山温泉地域を囲む広域の地域に降った雨は、地下に浸透し、地下六キロメートル程度の深度まで到達し、約一二〇℃程度まで加熱されます。そして、その深度までに発達した透水性の良い断層中を、周囲からの地表水と混合しながら上昇し、地表近くの透水性の良い地層中（長さ七〇〇メートル、幅一〇〇メートル、深さ三〇〇メートル以上）に貯えられているのではないかと。

上述の概念モデルに基づくとともに、プロセスの単純化を行い、数値的な検討を行ってみ

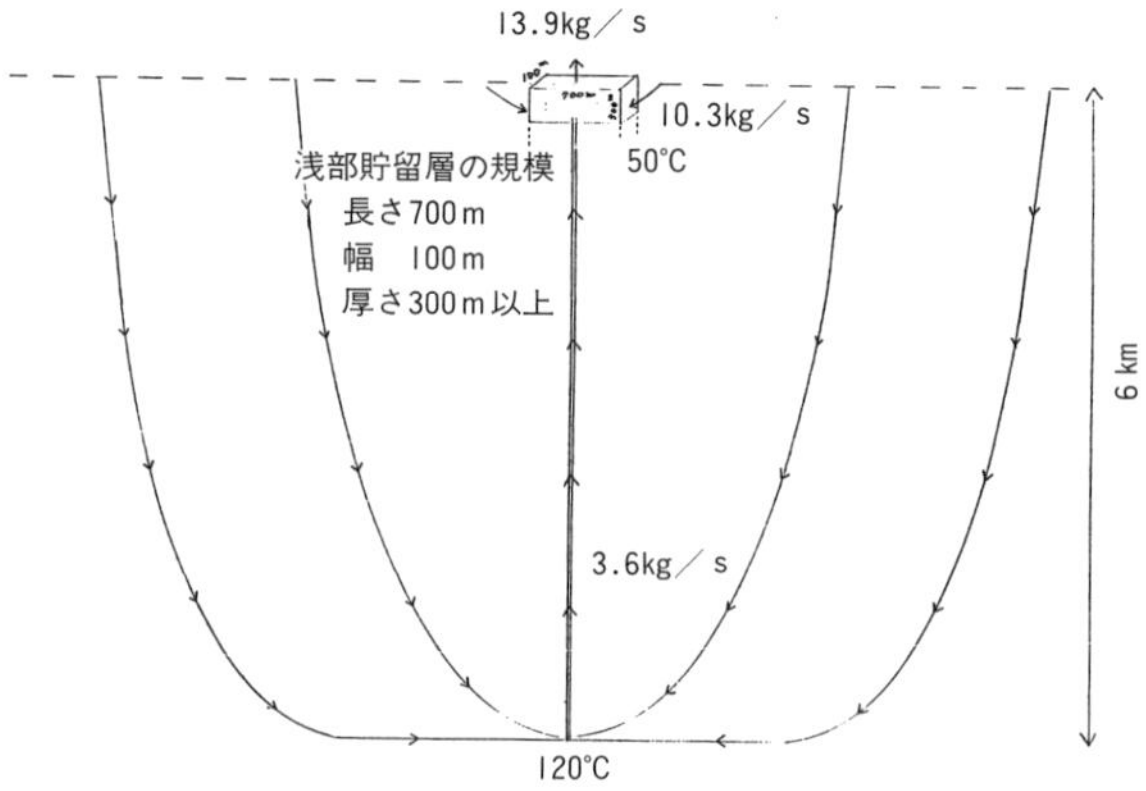

図28　阿爾山温泉のモデル

ました。地表から放出される熱量と深部から上昇してくる熱水のもたらす熱量が等しいと仮定すると、地下六キロメートルに浸透し、一二〇℃に加熱され、上昇を開始する熱水は三・六キログラム／秒程度であると推定されます。この熱水が透水性のよい細い通路を比較的急速に上昇し、地表近くで七〇〇×一〇〇メートルの範囲に広がっているものと考えられます。ここで、地表から流出している温泉水は一三・九キログラム／秒ですから、熱水が上昇途中、周囲から混合する地下水の量は一〇・三キログラム／秒となります。阿爾山温泉生成のモデルを図28に示しました。

以上で検討しましたように、阿爾山温泉（小温泉も）は特別な熱源たとえば玄武岩質マグマ

（あるいはそれに起因する、長白山火山における粗面岩質マグマ）によって加熱生成されたものではなく、普通の地温の下で、地下深部に浸透した天水が断層などの透水性の良い部分を上昇し、地表近くの透水性のよい地層中に貯えられたものと理解されました。従って、阿爾山温泉と伊爾施火山との間には成因的因果関係があるわけではなく、両者はともに、本地域一帯に広域的に発達する北西―南東方向の構造線（断層）を利用していますが、独立して生成されたものと考えられます。

第六章　チベットの火山・地熱・温泉

1　プレートの衝突が生んだ地熱活動

ユーラシアプレートとインド・オーストラリアプレートの衝突によって、世界の屋根と言われるヒマラヤ山脈そしてチベット高原が形成されたと言われています。そして、チベット高原には活発な地熱地域が存在し、そのうちの中国チベット南部の羊八井《ヤンバージン》地熱地域ではすでに地熱発電所が稼働していることが知られています。しかしながら、活発な地熱活動を維持する熱源については不明なことが多いのです。特に、通常、地熱活動の源と考えられる比較的新しい（今から一〇〇万年前より新しい）火山活動に見るべきものがないというのが大きな問題です。わが国のようなプレート沈み込み地域の活発な地熱活動は、第四紀以降、特に数十万年前より若い火山活動と関連していることはほぼ確立されています。このような観点からすれば、チベット地域の地熱活動の熱源はいったい何かという問題は、実に興味深いものです。

また、羊八井地域には地熱開発上、解決されるべき現実的な課題があります。すなわち、羊八井地域はすでに二四メガワットの地熱発電設備容量を持っており、地域の重要な電力源となっています。ここで生産された電気は約九〇キロメートル南東にある、チベット自治区の省都ラサ市（人口二〇万人）に送られ、ラサ市の年間使用電力の半分程度をまかなっていると言われています。しかしながら、近年地熱流体生産量が減少し、従って、発電出力が減少し、大きな問題となっています。そして、さらに将来の電力需要の増加が見込まれており、地熱発電による発電量の増加は重要な課題となっています。しかしながら、羊八井地域の地熱系モデルには確立されたものがなく、将来の開発計画（具体的には新規開発地点）も必ずしも明確になっていない状況にあります。このようなことから、本地域の地熱系を明らかにすることは、これらの現実的な問題の解決にも貢献できるのではないかと考えられたのです。

以上のような観点から、調査研究が計画されたものであり、九州大学と中国長春地質学院（現在吉林大学）および中国チベット自治区地質鉱産局との共同で一九九三年および一九九四年に現地調査が行われました。

高山病との闘いの中でのフィールド調査

羊八井地熱地域の調査地点は高度四、三〇〇〜四、四〇〇メートルです。車が入れる地点はまだよいのです。重い機材を数百メートルにせよ運ばなければならない地点もあります。地温調査や土壌ガス調査では鉄棒や鉄管を地下数十センチメートルまで打ち込み、また引き抜かねばなりません。平地でも大変なこれらの作業を四、〇〇〇メートルを超える高度で行うことは実に大変なことです。すぐ息が切れます。すぐだるくなります。重いもの軽いものの差はありましたが調査参加者全員が高山病にかかってしまいました。偏頭痛に悩む人、腰痛に悩む人、食事がとれず、体重が五キログラム以上減ってしまった人。それでもどうにか、予定の調査を実施し、帰国することができたのはほんとうに幸運でした。

2　チベットの地熱地域――大陸衝突の賜物――

地球上には多くの地熱地域が存在していますが、すでに述べたようにプレートテクトニクス的観点からは次の四つに分類されます。

① プレート生産地域（東太平洋海嶺やアイスランドなど）
② プレート沈み込み地域（環太平洋地域の地熱地域など）

③　プレート衝突地域（中国チベットやトルコの地熱地域など）

④　ホットスポット地域（ハワイ島や大陸内部の地熱地域など）

これらの地熱地域のうち、①、②、④では地熱活動の源である第四紀の火山活動が知られており、火山活動に関連した地熱地域として理解されています。しかしながら、③プレート衝突地域は比較的稀なケースであることもあり、その成因は必ずしも明確ではありません。ここで取り上げる中国チベット地域もそのような例の一つです。中国チベット南部地域には多くの地熱地域が存在していますが、それと対応するような新しい火山活動がないと言われています。このようなことからチベット南部の地熱地域の生成過程に関する多くの議論がなされています。

なお、チベット南部の地熱地域は孤立的に存在しているのではなく、ヒマラヤ地熱地帯とも呼ばれる長さ三、〇〇〇キロメートル、幅一五〇キロメートルの帯状の地熱地帯の一部を構成しています（図29）。この地熱地帯は西はカシミールからチベット南部、タイを通り、中国雲南省へ至るものです。これらの地熱地域は当地域の大規模な褶曲構造に対応した分布を示しており、地熱地域の成因は大規模な褶曲構造の成因すなわち、ユーラシアプレートと

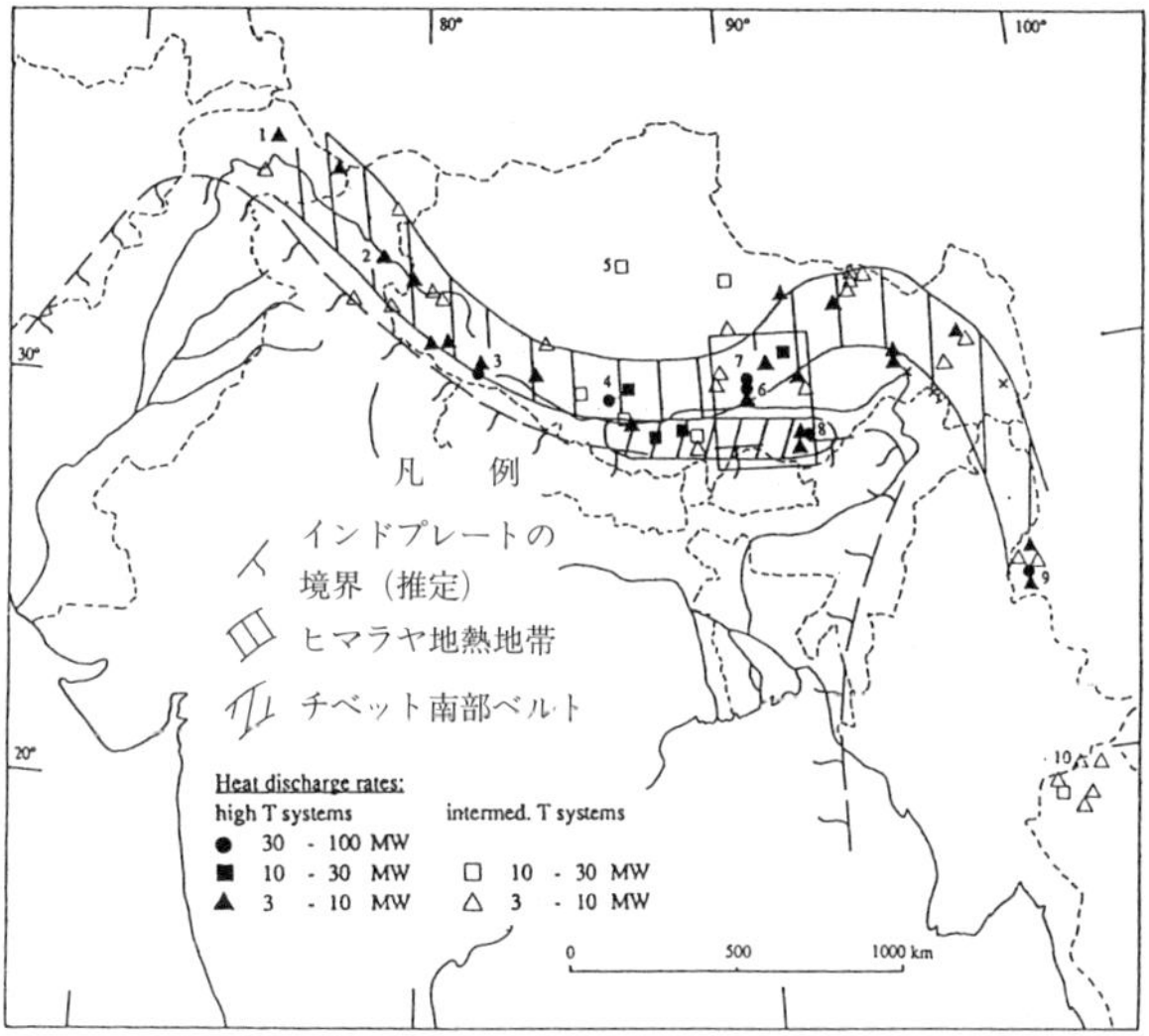

図29　ヒマラヤ地熱地帯の分布。羊八井地熱地域は番号７の位置（Hochstein and Yang, 1995）。

インド・オーストラリアプレートの衝突にあることを示しています。従って、チベットの地熱地域の成因を論ずるにあたって、本地域のプレートテクトニクス的背景を理解しておくことが重要です。

今から二〇〇～三〇〇Ma（Maは一〇〇万年前を示す単位）の頃、超大陸パンゲアが分裂し、ゴンドワナ大陸（北）とローラシア大陸（南）に分かれました。そして、これらの大陸の間にテーチス海が形成されました。現在の、青海、チベット、四川、雲南はテーチス海に覆われました。このテーチス海洋地殻はいくつかのマイクロプレートとともに北上しました。その結果、三〇～五〇Ma頃に、インド大陸とアジア大陸は衝突を開始しました。そして、さらに、一〇～二〇Ma頃、ヒマラヤ山脈が隆起を開始し、さらに二Ma頃、青海―チベット高原の隆起が開始され、現在に至っていると言われています。

すでに述べましたように、ヒマラヤ地熱地帯には新期の火山活動、すなわち、二五Maより新しいものはないと言われてきました。しかし、最近、一〇Ma、あるいは五Ma程度の花崗岩類小岩体の年代が得られています。ただし、この程度の年代であっても、日本のようなプレート沈み込み地域における火山活動と地熱活動との経験的関係からすると、それらが、現在においても活発な地熱活動をもたらすには少し古すぎると考えられます。ただし、中国雲南省騰沖地区およびチベット北部のコンロン山脈には部分的には第四紀の火山活動があることは知られています。このような背景から、ヒマラヤ地熱地帯の地熱活動の起源として、従来からいくつかの考え方が提案されています。その際、本地域で観測されている一五〇mW／m²にも及ぶ高地殻熱流量を説明することが大きなポイントとなっています。

以下にこれまで提案された高熱流量に関する四つの解釈を紹介します。

① 厚い地殻内の放射性熱源
② 表層の低い熱伝導率
③ 塑性変形に伴う摩擦熱
④ 地殻内貫入岩

原因①は厚い地殻内の放射性熱源の存在です。これはプレート衝突に伴う地殻の厚化に起因するものです。大陸地域の地殻熱流量に寄与する放射性熱源は重要ですが、プレート衝突地域の地殻が厚くなっている地域のすべてで高熱流量が観測されているわけではなく、この原因①によって、高熱流量のすべてを説明することはできません。②の表層の低い熱伝導率の可能性ですが、地表ごく近くまで花崗岩が発達している地域にも高熱流量が観測されており、この原因②だけで、高熱流量のすべてを説明することはできません。次に原因③塑性変形に伴う摩擦熱ですが、本地域の地殻の変形状態から見ても魅力的なモデルではありますが、多くの検討結果は量的に十分ではないことを示しています。すなわち、この原因③も単独では高熱流量の説明とはなりません（ただし、最近、これによって十分説明可能という考え方も提案されていますが）。最後に原因④地殻内における火成岩の貫入ですが、すでにあげた

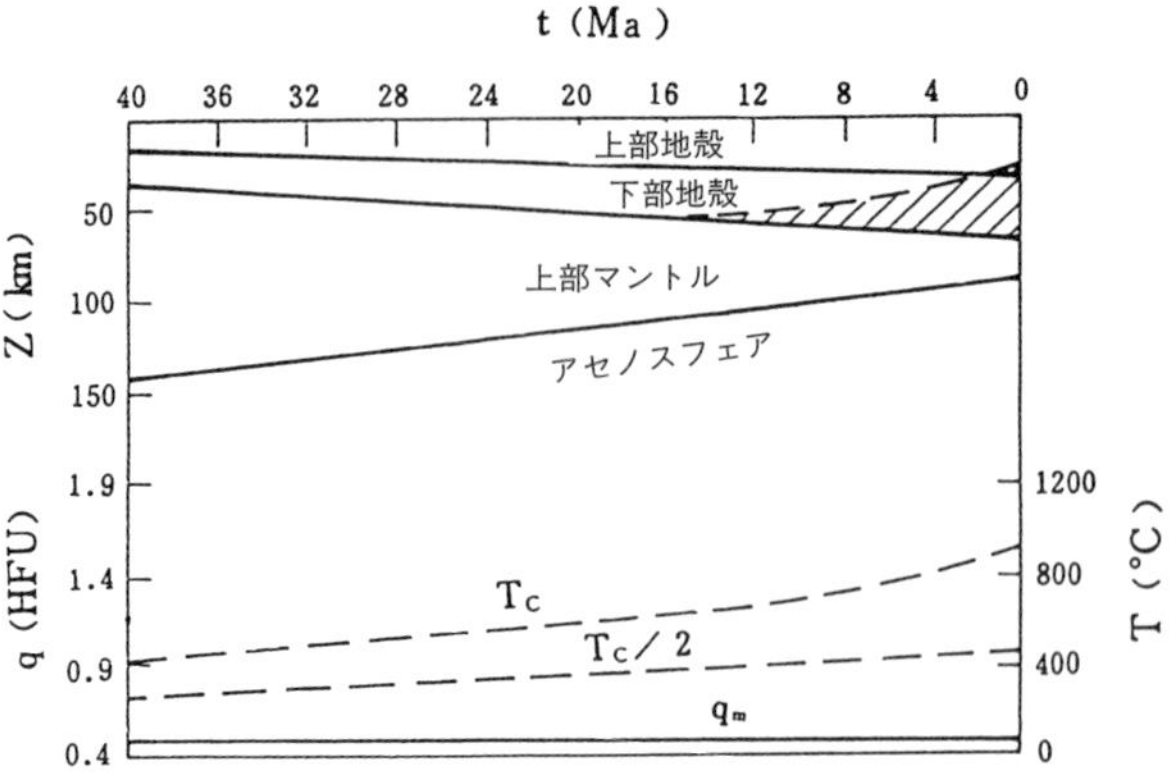

図30　地殻の厚化に伴う地殻内溶融層の発達についてのモデル。斜線部分が溶融層（Shen, 1991）。

①、②、③が不十分であり、周辺地域に新しい火山岩が見いだせないとすれば、十分検討する価値があると思われます。なお、二五Maより新しい火山岩は発見されていませんが、一〇～五Maの花崗岩の小岩体が知られており、熱源となるさらに新期の貫入岩の可能性は十分予想されます。

3　プレートテクトニクスとチベットの熱史

プレートの衝突というテクトニクスに基づき、地殻上部の溶融により本地域の高熱流量を説明しようとする考え方が提案されています。この考えによれば、四〇Ma以降のプレート衝突に伴う地殻の厚化とプレートの薄化の中で、一六Ma頃、地殻下部―上部マントルで融解が生じ（地殻の厚さ：五六キロメートル、プレートの厚さ：一一〇キロメートル）、バソリス（巨大な花崗岩体）タイプの貫入岩が生じました。さらに、二Ma頃になって地殻上部（二七～三五キロメートル、厚さ八キロメートル程度）に融解が生じたとするものです（図30）。そして、この融解部分から派生した貫入岩が地殻浅部に存在し、個々の地熱活動の原因になっているのではないかと考えられています。

革命歌「インターナショナル」に驚く若い隊長

羊八井では軍の宿舎に宿泊させて頂きました。部屋には「〇〇大隊××幹部」などのプレートがかかっています。調査を終え帰国する前夜、若い隊長さんが、慰労のための祝宴を開いてくれました。調査期間中は高地ということでアルコールは控えていました。その夜は調査も終わったということで、勧められるままに、独特の香りのする度の強い中国白酒を何杯も飲みました。酔いが回ると宴となり、順番で日本の歌を歌うことになりました。こちらも少々酔っており、相手も酔っていました。茶目っ気といたずら心から、学生運動華やかりし頃覚えた革命歌「インターナショナル」を、もちろん日本語で歌いました。あっけにとられたのは中国の軍人たちでした。

日本人がこの歌を歌ったことを大変驚いていました。当時ではもうこの歌を中国人でも歌える人はほとんどいないだろうとのことでした。妙に感心されたことを覚えています。

4　チベット地域の自然放熱量

ヒマラヤ地熱地帯（カシミールからチベットを通り、中国雲南省まで）は長さ三、〇〇〇キロメートル、幅一五〇キロメートルにも及ぶもので、比較的規模の大きな高温地熱地域は約三〇箇所あると言われています。自然放熱量からみると、最高値を示すのは中国雲南省の騰沖地域で約一〇〇メガワットです。ヒマラヤ地熱地帯全体からの自然放熱量としては二、〇〇〇～三、〇〇〇メガワット程度と推定されています。これを他の地熱地帯と比較してみます。例えば地球上で最も活動的な地熱地域であるニュージーランド・タウポ火山帯では、長さ三〇〇キロメートル、幅二〇キロメートル内で最高値はワイオタプ地熱地域の六五〇メガワット、総自然放熱量は六、三〇〇メガワット、九州中部地域の火山・地熱地帯では長さ二〇〇キロメートル、幅二〇キロメートル以内で、最高三〇〇メガワット、総自然放熱量は八〇〇メガワット程度です。ヒマラヤ地熱地域からの総自然放熱量は大きく、一見すると極めて活発な地熱活動が想定されるかも知れませんが、地熱活動の強度すなわち、単位面積あたりの熱流量に換算してみると、ヒマラヤ地熱地帯は四〜七mW／㎡、タウポ火山帯は、一、〇五〇mW／㎡、九州中部の火山・地熱地帯は二〇〇mW／㎡となり、ヒマラヤ地熱地帯は広範囲にわたっていますが、自然放熱量から見た地熱活動の程度としては、プレート沈み込み地域の火山・地熱地域（上記二地域ではさらに張力場という好条件に恵まれています）に比べ弱いことがわかります。

5　チベット南部および羊八井地域の地殻熱構造

チベット地域の地殻熱流量分布はほとんど知られていませんが東経九〇度付近の南北測線に沿って、唯一地殻熱流量分布が得られています（図31）。それによると北緯二八・五度付近のプナ湖（Puna Lake）付近で約九〇mW／㎡、そしてさらに北の北緯二九度付近のヤンツオ湖（Yamtso Lake）付近で約一五〇mW／㎡という高い値が知られており、このような高熱流量は一般に新生代の火山地域特有なものであり、本地域の地表に新しい火山岩が見られ

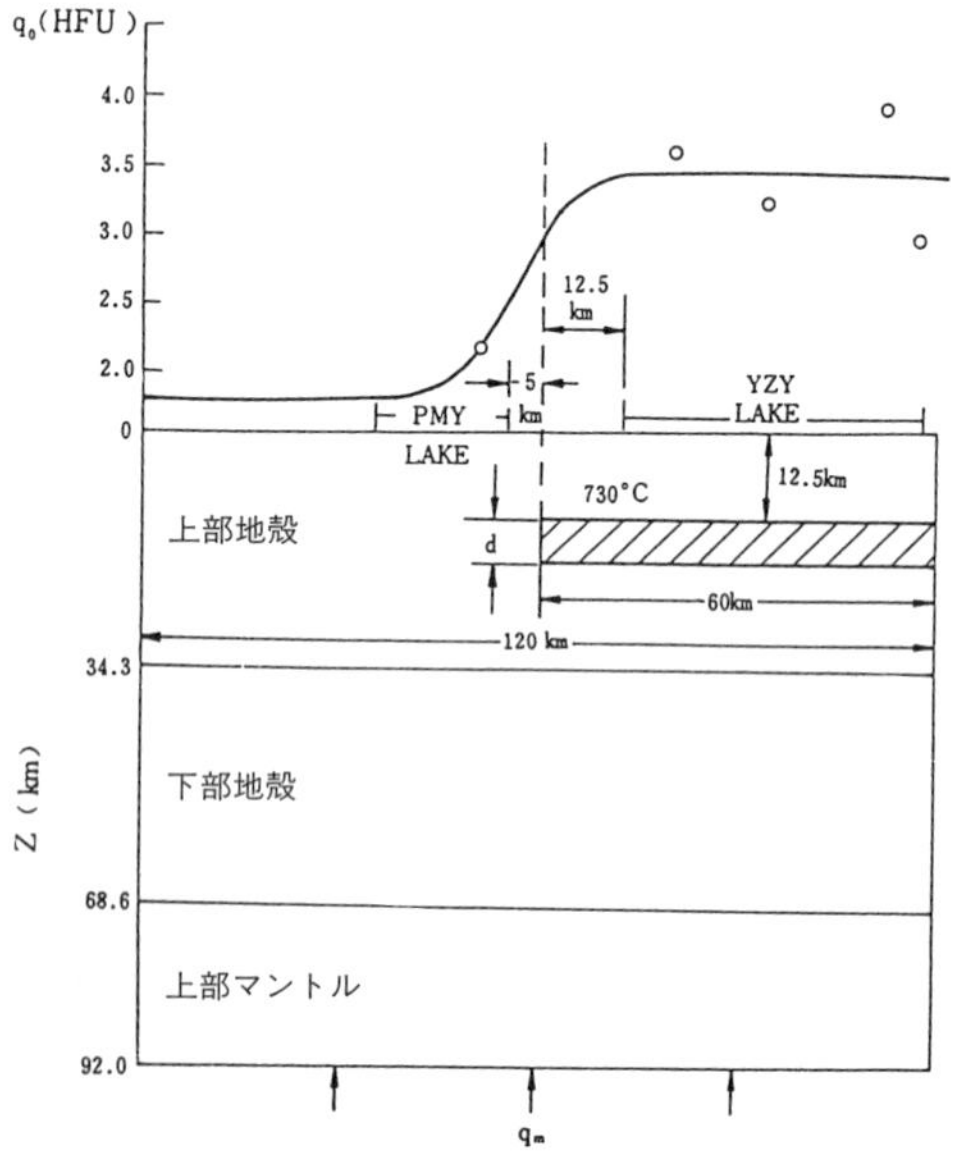

図 31　チベット地域を横断する地殻熱流量分布（1 HFU は約 42 mW／m²）とそれから推定された地殻上部溶融層（斜線部）。Shen（1999）による。

ないが地下におけるマグマの存在を十分推定させるものです。本地域で得られた熱流量分布に基づいて地殻内温度を計算すると、地殻上部（一二・五キロメートル以深）に溶融ゾーン（図31の斜線部）が存在しうることが示されます。

羊八井地熱地域付近でこれまでに決定された地殻熱流量値はありませんが、坑井温度分布を利用すればある程度の推定は

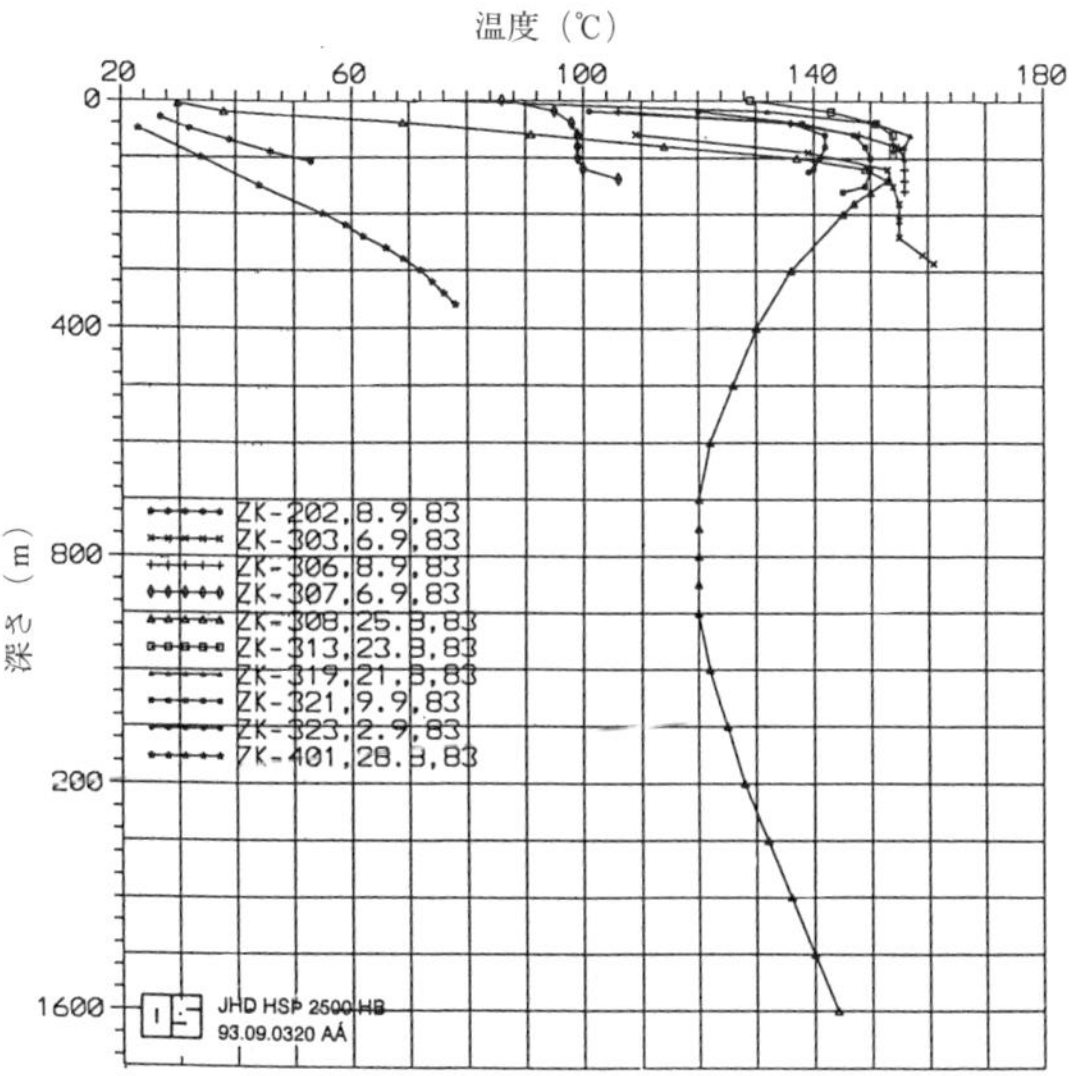

図32　羊八井地熱地域の地下温度プロファイル（Hu, 1993）

可能です。本地域には地熱開発を目的とした数多くの五〇〇メートル以浅の坑井があり、これらは浅部地熱貯留層における急激な温度上昇を示していますが（図32）、より深部の熱的状態を反映するものではありません。しかしながら、本地域の坑井の中には浅部の貯留層だけではなく、深部の熱的状態を反映すると思われる一、〇〇〇～二、〇〇〇メートル級の三本の坑井があります。これらのうち、本地域中央部にある坑井ZK―三〇八は浅部地熱貯留層の下層の花崗岩内で直線的な温度分布を示し、深部からの伝導熱流量すなわち地殻熱流量を反映するものと考えられます。地温勾配は四・一℃／一〇〇メートルと推定されます。本地域の花崗岩の熱伝導率は二・五～三・〇W／mKを考慮すると、熱流量値は一〇〇～一二〇mW／㎡と予想されます。すなわち、チベット南部は羊八井地域を含む広範囲で一〇〇mW／㎡を超える高熱流量地域であることが予想されます。このような高熱流量がヒマラヤ地熱地帯の全幅（約一五〇キロメートル）に広がっているものと推定されます。そしてこのような高熱流量からは地殻中部での融解の発生が予想されます。

さらに、羊八井地域北部で掘削された二つの深い坑井でも、地温勾配はさらに高く、一六～二一℃／一〇〇メートル程度であり、伝導熱流量としては四〇〇～七五〇mW／㎡という非常に高い値が予想されます。これは五キロメートル深程度で花崗岩質岩石が溶融することを示しています。

以上のように、羊八井地域では地殻中部、場合によっては地殻上部（五キロメートル深程度）でも花崗岩質岩石が溶融する条件にあります。このことは羊八井地域では地表には新しい火山岩が見られませんが、地殻内にマグマが存在することが十分考えられます。

チベット仏教のランドマーク「ポタラ宮」

チベットと言えばチベット仏教。チベット仏教と言えばポタラ宮。チベット仏教の総本山がポタラ宮（写真8）です。もともとはチベットを最初に統一した王が唐から迎えた妃のために建てたものと言われています。ここを訪れる観光客は必ず遠くから眺め、そしてその中に入って、曼荼羅をはじめ仏教芸術にも心をひかれます。山の傾斜を利用したこのポタラ宮は、蕭然として、かつ堂々たる姿をあらわしています。白と茶色のコントラストも不思議な感じを与えます。これほど印象的な「ランドマーク」も珍しいのではないかと思われます。仏教に敬虔なチベットの人々はこれを仰ぐことによって、仏教へ帰依する心を深めるのでしょうか。路上では五体投地を繰り返す熱心な仏教徒がひきも切らさない。素晴らしいランドマークを持てる人々の「幸せ」を感じました。

写真8　チベットのランドマーク「ポタラ宮」

6　羊八井地熱地域――中国で最初の地熱発電所建設――

　羊八井地熱地域は、中国チベット南部にある地熱地域で、ヒマラヤ地熱地帯の中でも、地表地熱徴候あるいは自然放熱量からみても、もっとも代表的な地熱地域であると言えます。また、地熱発電所が建設されており、これに関連して、多くの地上調査およびボーリング孔の掘削が行われており、ヒマラヤ地熱地帯の中では最も地熱構造が知られている地域と言ってもよいと思われます。しかしながら、本地域の熱水系に関しては、深部からの熱水上昇ゾーンの位置など、必ずしも統一的な見解が出されているわけではなく、将来の地熱開発の指針が確立されているわけではありません。また、本地域の周辺には新しい火山活動が存在しておらず、地熱活動の熱源が何かはよくわかっていません。

　さて、羊八井地域は中国チベット自治区の省都ラサの北西方九〇キロメートルに位置し、標高約四、三〇〇メートルの高原地域にあります。南北両側には六、〇〇〇メートル級の山脈が聳え、その間を流れるヤルンズポアン川の支流（ザンブ川）沿いに、山脈からの氷河堆積物が堆積した平地となっています（口絵写真10）。北側山脈の山麓のやや高地部（四、四〇

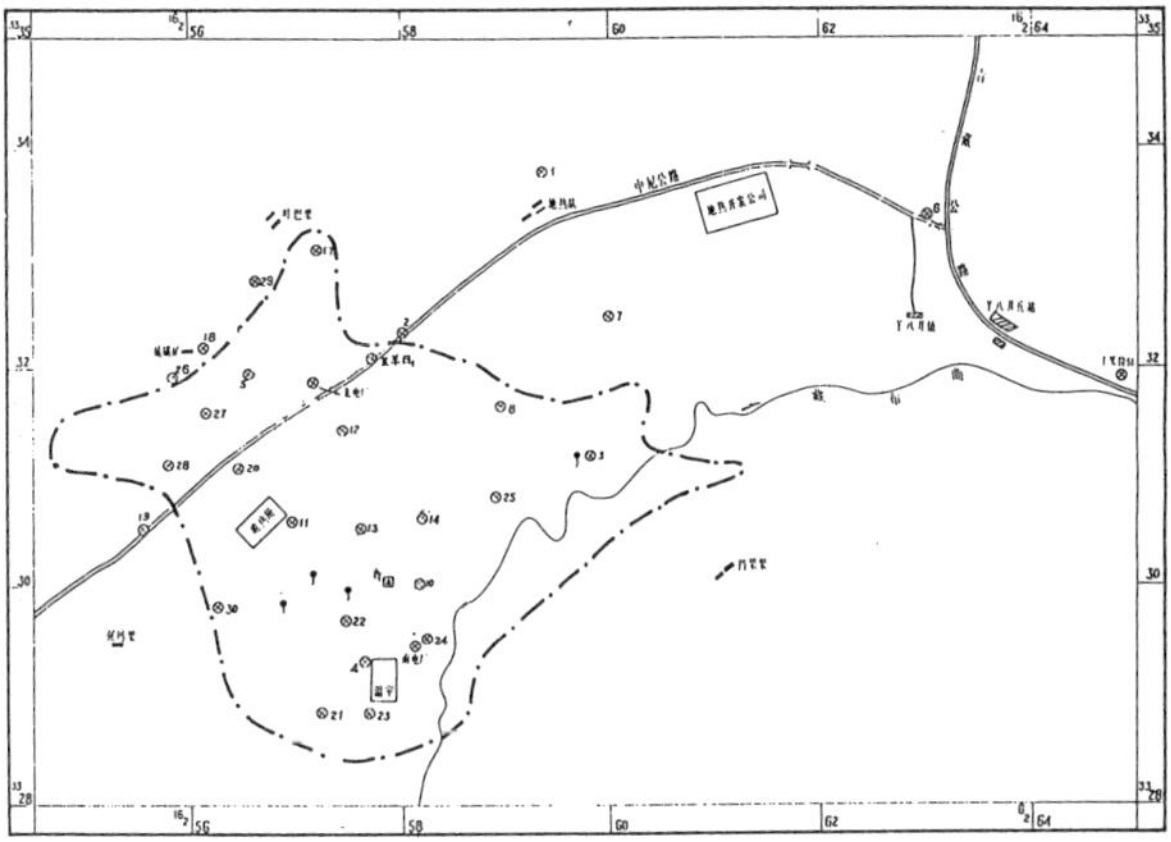

図33　羊八井地熱地域の低比抵抗値の分布範囲（一点鎖線）

○～四、五○○メートル）に白色の変質帯が広がっており、過去における活発な地熱活動の存在が見て取れます。現在の地熱流体生産ゾーンはこれらの変質帯より南方の標高のより低い位置にあります。この地域には多くの断層構造が見られ、走向は北東―南西方向が優勢で、これに直交する北西―南東方向のものも見られます。特に、羊八井地域では中央部の中国―ネパール道路（中尼公路）沿いに発達する断層帯より南部で断層の発達が著しいようです。この南部地域は開発前には間欠泉・高温湯沼などの活発な地熱徴候が見られた地域です。しかしながら、開発の進展に伴い、地表地熱徴候は衰退し、一九九三年八月および一九九四年八月、調査のために現地を訪れた際には、すでに見るべき地熱徴候は減衰していました。

　現在、北部と南部に一箇所ずつ地熱発電所が建設され（口絵写真11）、総発電設備容量は二四メガワットに達していますが、地熱流体生産量の低下から、実際の発電出力は半分程度とのことでした。このため、新たな開発ゾーンの選定が急がれているのが現状です。

　これまで種々の地上調査が行われており、特に電気探査の結果から、低比抵抗ゾーンが抽出され（図33）、これまでの坑井掘削はほとんどこの中で行われています。羊八井地域は中尼公路をはさみ、南部地域と北部地域に分けられます。地質構造は表層の五〇〇メートル程度までは透水性のよい氷河堆積物からなり、その下には低透水性の花崗岩が存在しています。この氷河堆積物中に一五〇℃程度の熱水貯留層が存在し、ここから熱水の生産が行われており、坑井温度プロファイルはいずれも浅部で急激な上昇を示した後、また急激な低下を示す側方流動の典型的な徴候を示し、南部地域においては深部からの優勢な熱水の上昇は確認されていません。

　強い熱水変質地域は北部地域に存在し、また硫黄鉱山も北部地域にあったことから、過去における深部からの地熱流体の上昇は主として北部地域にあったものと推定されます。地下温度も同一深度では北部地域の方が高く、また比抵抗東西断面図における鋭い低比抵抗ゾーンの存在からすると、北部地域の高地のいずれかの部分に深部から地熱流体が上昇し、その後南方に流下（側方流動）し、南部地域の一部で地表まで上昇し、活発な地表徴候を呈していたのではないかと推定されます。このように本地域では、「北部地域で深部から熱水が上昇し、南部地域へ側方流動している」というモデルが基本的なものと推定されますが、南部

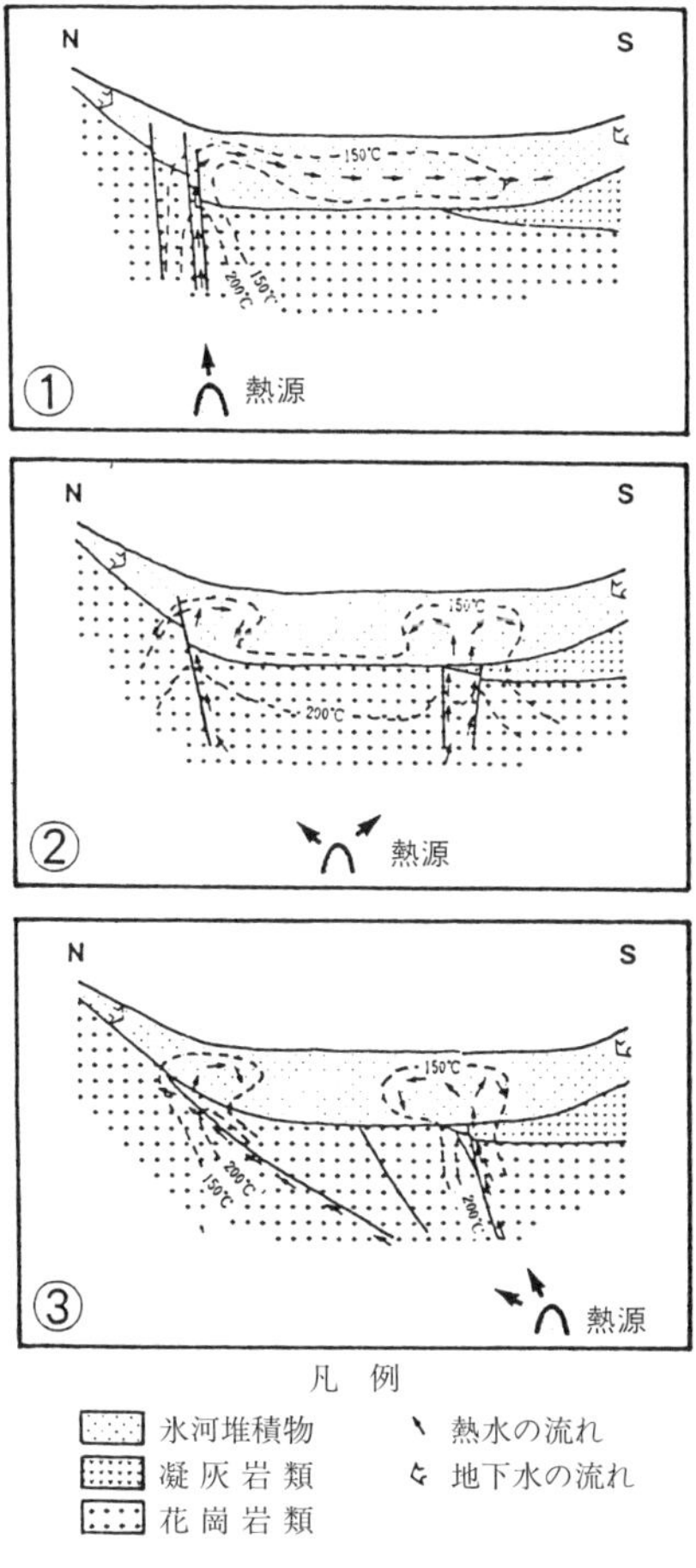

図34　羊八井地熱地域の３つのモデル（品田，1993）。モデル１が最も妥当と考えられる。

地域に主要な熱水上昇があるとの考えも中国の研究者には根強く、将来の開発地点の選定においても議論が分かれています。すなわち、図34に示したように、深部からの主要な熱水の上昇ゾーンが、①北部地域にあるのか、③南部地域にあるのか、あるいは②それらの中間地域にあるのか、研究者間で統一された見解は出されていません。

7　現地調査結果

羊八井地域には地下数百メートル程度までの浅層の地下高温部が北部地域と南部地域二ヵ所にあるのですが、開発を広げるためにはこれらの高温部を維持する深部からの熱水の供給がどこにあるのかを決定することが非常に重要な問題になっています。それとともに、この地熱活動を維持する熱源ははたして何かという学問的に非常に興味ある問題があります。これらの問題を少しでも進めるために、中国の共同研究者と現地調査を計画したものです。

(1)　熱水変質帯

火山性地熱地域では一般に高温下における熱水と岩石との反応により、もともとの岩石の組織は破壊され、その温度やpHの違いにより、別の新たな鉱物（熱水変質鉱物という）が生成されます。温泉地域や火山噴気のある地獄地域で白色や黄褐色の岩石がみられますが、そのようなものの一つであり、地下深部でも形成されています。実はこのようなものが地表に露出したものが熱水変質帯の露頭といわれるものです。このような変質帯露頭が北部地域に広がっており、その中心部では硫黄の析出が見られます（口絵写真12、この地域近辺に硫黄鉱山がありました）。

赤外線放射温度計により、変質帯の地表面温度に高温異常が数箇所に認められ、現在でも弱い噴気が噴出していることを確認しました。ただ噴出は連続的ではありませんでした。また、岩の割れ目のところどころからは、新しく液体が流れたような黒い筋が何条も見られました（なお、このような現象は日本の地熱地域では経験していません。ただ、一九九五年大分県の九重火山が水蒸気爆発を起こしたとき、火口から黒っぽいすじ状の流れが認められたことがあります）。このような、活発な地熱徴候は、地層の褶曲による摩擦発熱などでは説明が困難で、特別な熱源——地下のマグマ——がない限りかなり困難ではないかと思われます。

(2) 地温調査

われわれは地熱調査の最初に地温調査特に一メートル深地温調査から始めることがよくあります。これは、あまり費用もかかりませんが、広域の地熱環境を数値的に把握できるからです。もちろん、地下数百メートル、数千メートルの地温分布と直接結びつけることはできませんが、色々な検討を進めることができます。

一九九三年の調査で七点の一メートル深調査を行った結果、北部地域に高温異常が認められたため、一九九四年にさらに広範囲の調査を行いました。しかし、この時は一メートル深ではなく六〇センチメートル深地温を測定しました。硬い地面の中に一メートルの穴を開けることは、普通の地域でもなかなか大変ですが、四、三〇〇メートルを超える高地では、体力的にも非常に大変なものです。そこで、気温の日変化の及ばないギリギリの深度で測定を行うことにしたものです。その結果、北部地域の中央部（変質帯の露頭を含む）に高温の中心を持ち、南部方向に伸び広がる傾向の地温異常を検出することができました。

(3) 土壌ガス探査

羊八井地域の土壌空気中の水銀濃度調査に関してはすでに中国側で行われており、北部地

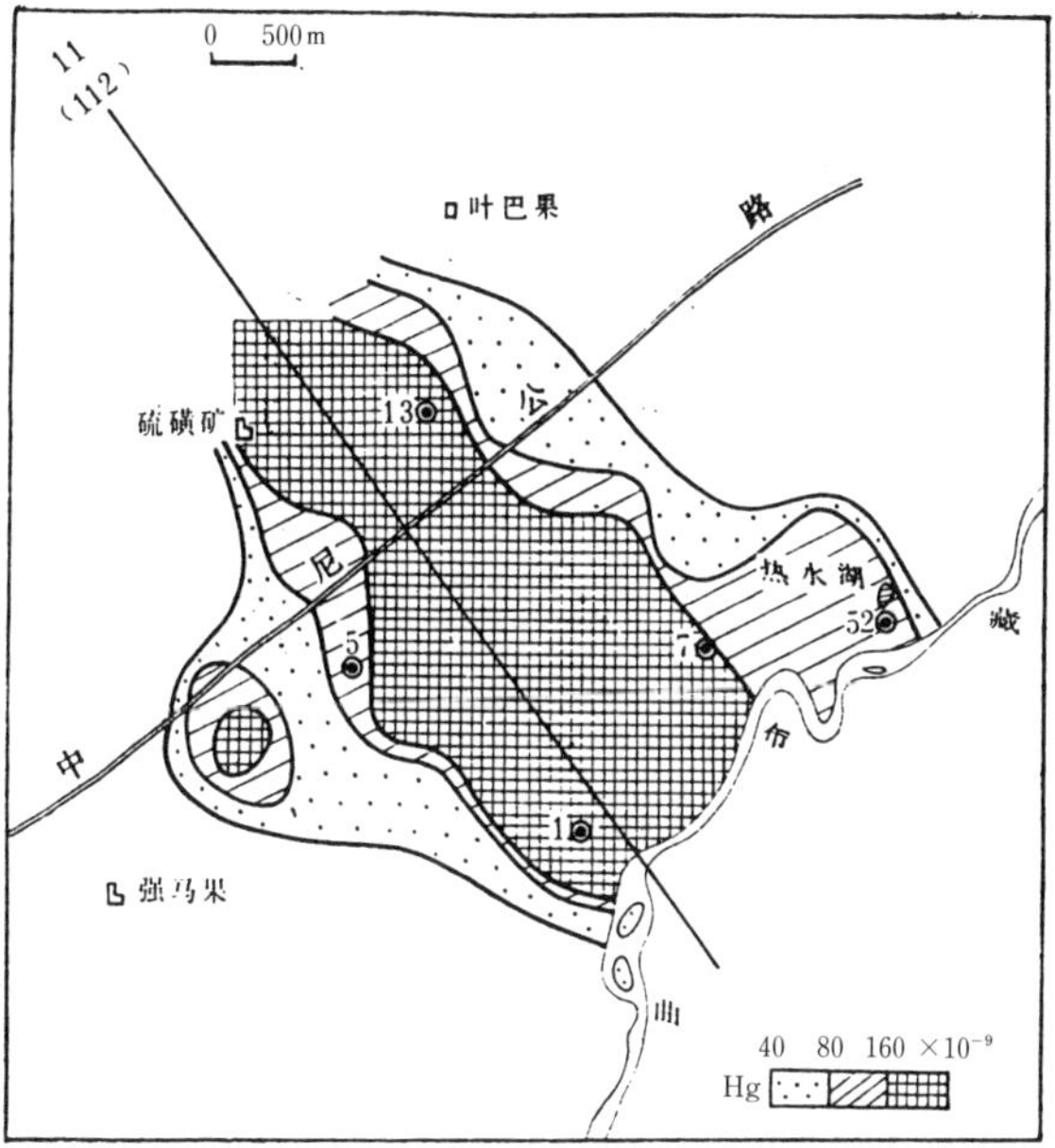

図35　羊八井地熱地域の土壌空気中の水銀濃度分布（Zhu 他, 1991）。単位：グラム

域から南部地域にかけて帯状の高濃度地域が広がっていることが確認されています（図35）。これは高透水性の氷河堆積物中を流れる地熱流体の存在を反映するものと理解されます。そこでわれわれの調査では深部からの地熱流体の上昇部分を確認すべく、さらに北側地域において土壌ガス測定を行いました。その結果、土壌空気中水銀、炭酸ガスともに旧硫黄鉱山地域よりさらに北側に高濃度の中心

があることが明らかになりました。そして、さらに北部にいくと濃度は減少します。また南部地域でも異常が検出されましたが、濃度は北部地域に比べ、かなり低いことも明らかにされました。これらの結果から、土壌ガス高濃度中心は深部からの熱水の上昇ゾーンの近傍に位置し、上昇した熱水は北部地域から南部地域に側方流動している可能性が高まりました。

(4) X線回折分析

羊八井地域の地表には熱水変質帯の露頭が存在していることをすでに記しましたが、実際に変質鉱物を採取してその生成鉱物をX線回折法によって詳しく調べました。変質帯を構成する鉱物の色は、橙色がかった白色から多くのものは白色のものです。硫黄の混じっているものもあります。変質鉱物としては、石英以外ではカオリナイト・ハロイサイトが支配的であり（他に、クリストバライト、アルーナイト、モンモリロナイト、長石）、硫酸酸性の条件下で岩石が変質を受けたことが明らかにされました。

(5) 水質分析

沢水とボーリング坑井からの噴出水の化学分析を行いました。沢水はややアルカリ性を示し、陽イオンではCa^{2+}が多く、他の成分は低いようです。陰イオンではHCO_3^-が多く、Cl^-は極めて低いようです。すなわち、$Ca—HCO_3$型を示しています。このタイプの水の成因としては、チベット高原に多い白亜紀の石灰質の堆積物の風化が考えられます。坑井からの噴出水は陽イオンとしてはNa^+が多く、陰イオンとしてはCl^-が多く、アルカリ性の$Na—Cl$型を示しています。化学成分比から求めた地下における熱水の温度（化学平衡温度）は二〇〇℃近くの高温を示すものもありましたが、多くは一三〇～一六〇℃であり、坑井内で実測された一五〇～一六〇℃に比べ、やや低いものが見られました。この理由の一つに、坑井からの噴出水の勢いが強く、水試料を直接坑口から採取できなかったことも原因と考えられました。

(6) MT探査

羊八井地域ではこれまで中国側研究者による電気探査により、花崗岩基盤の上にある氷河堆積物中に発達した浅部地熱貯留層が低比抵抗異常として明確に捉えられていました。また、MT探査の結果から、地下一〇キロメートル深に低比抵抗が検出されており、地下深部に貫入した高温岩脈と解釈し、これを羊八井地熱地域の熱源とした解釈がなされていました。

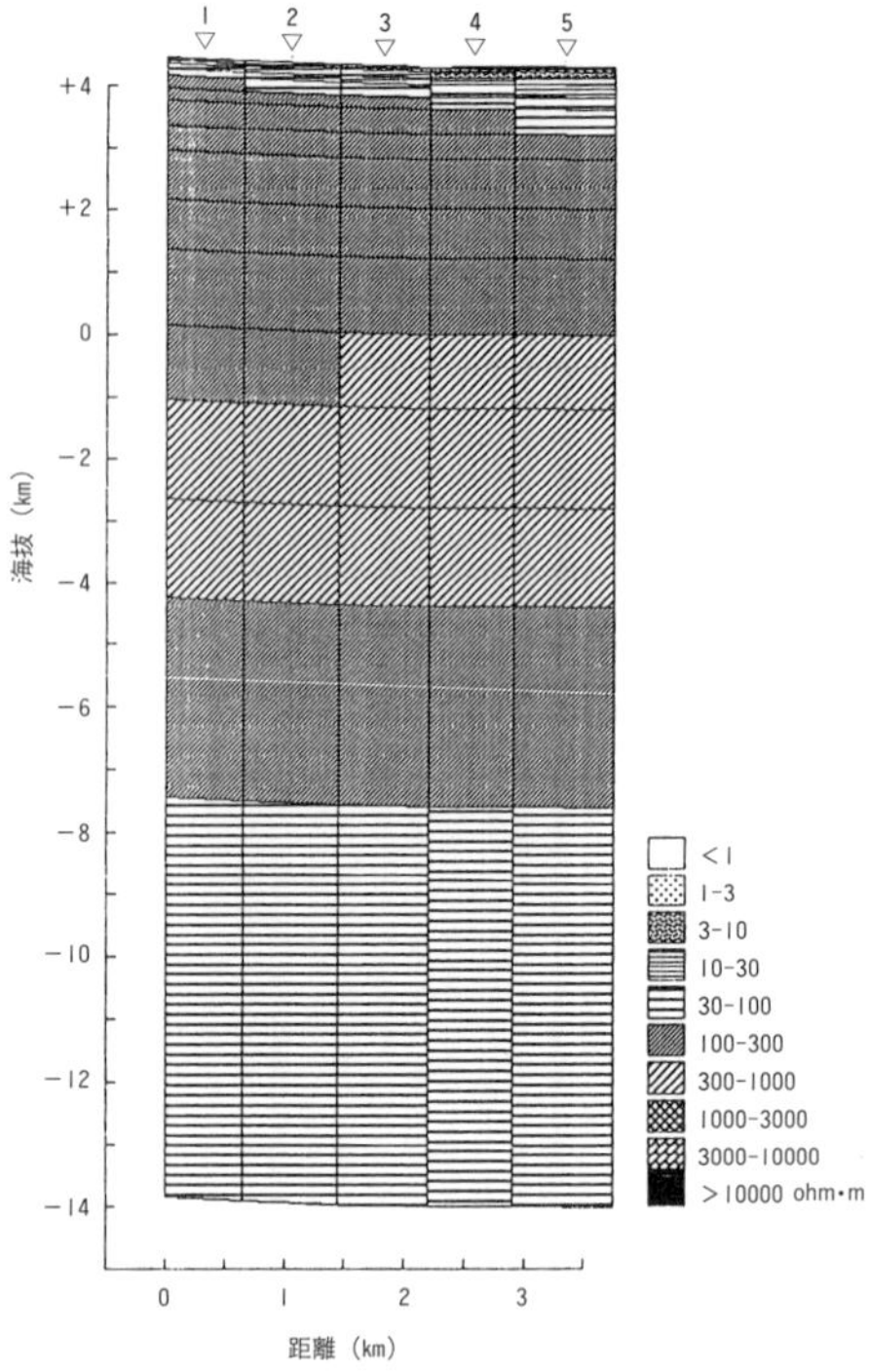

図36　羊八井地熱地域の比抵抗断面図

今回のフィールド調査では、北部地域を中心として測定を行いました。その結果、南部地域を含めた、現在開発されている浅部地熱貯留層を反映した三〇Ω・メートル以下の低比抵抗が地下数百メートル程度まで分布していることが確かめられました。また、深部七・五キロメートル深程度までは一〇〇Ω・メートル以上の高比抵抗ですが、それ以深では再び一〇〇Ω・メートル以下の低比抵抗となっていることも明らかにされました（図36）。これは地殻熱流量から推定されている地殻内の溶融ゾーンと同じものを反映している可能性が考えられました。

世界最高高度の羊八井の温泉プール

羊八井で地熱坑井から生産された熱水でつくられた「温泉プール」に入りました（写真9）。海抜高度四、三〇〇メートルの温水プールです。確認してはいませんが、世界最高高度にある温泉プールではないかと思います。清水と熱交換することなく、地下から生産された熱水をそのまま利用しています。これがかなり深いのです。場所によっては二メートルを超えています。温泉プールというより大露天風呂といった方がよい雰囲気もあります。われわれが楽しんだ日は他の観光客はほとんどいませんでした。どんな経営状態なのかと変な心配もしてしまいました。このプールでおぼれて死んだ人も複数いるそうです。海抜高度四、三〇〇メートルの大露天風呂に入り、青空と遠くに見える雪を頂いた高山を眺める

写真9　羊八井地熱地域にある世界最高高度の温泉プール

のは実に爽快で雄大な気持ちになりましたが、遠路せっかく来てこの温泉で死んだ人のことを思い出して、素直には楽しめない気持ちになったのも本当です。

8　地熱系モデル

すでに述べてきた観測結果をもとにすると、羊八井地熱地域では、北部地域で上昇してきた熱水が、地形的低部にある南部地域に側方流動し、その一部が地表にも流出し、地表地熱徴候を形成したものと考えられます。ただし、北部地域における深部からの熱水上昇地点は、調査が全域に及んでいないことから、必ずしも特定されていません。以下では現段階で入手されているデータに基づいて、概念モデルを数値的に検討してみることにします。

北部地域における深部からの熱水上昇地点を特定せず、上昇してきた熱水が側方流動に転じた所からモデル化します。すなわち、対象地域内には深部からの熱水上昇はなく、地域外のどこか（さらに北部の高地部分）で上昇し、側方流動の状態でこの系に熱水が流入してくるモデルです。このモデルでは背景的な地殻熱流量（温度勾配五℃／一〇〇メートル、地殻

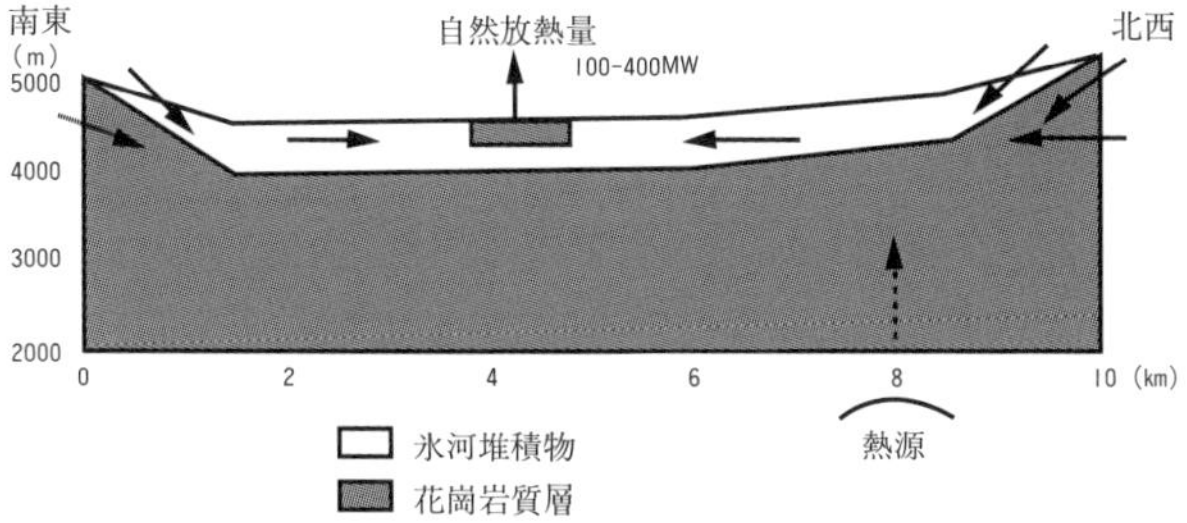

図37 羊八井地熱地域の熱水系概念モデル

熱流量一〇〇～一五〇mW／㎡に相当）の中で、特別の熱源（温度勾配二五℃／一〇〇メートル）が想定されています。概念モデルを図37に示しました。

なお、地熱徴候地における自然放熱量（開発前の自然状態における噴気・温泉等による放熱量）は従来異なる研究者により九〇メガワット程度および四六〇メガワット程度と大きな違いがありました。この点も数値モデルから検討してみることにします。

数値モデルの作成では定常状態の三次元数値シミュレータ①を利用しました。概念モデルに基づき、図38のようなブロックレイアウト②を考えました。モデルは三次元ですが、図では熱水流動方向の中心部のブロックのみ示しています。地層は二層構造（上部が氷河堆積物で水平方向の透水係数百ミリダルシー、垂直方向の透水係数十ミリダルシー、下層が花崗岩

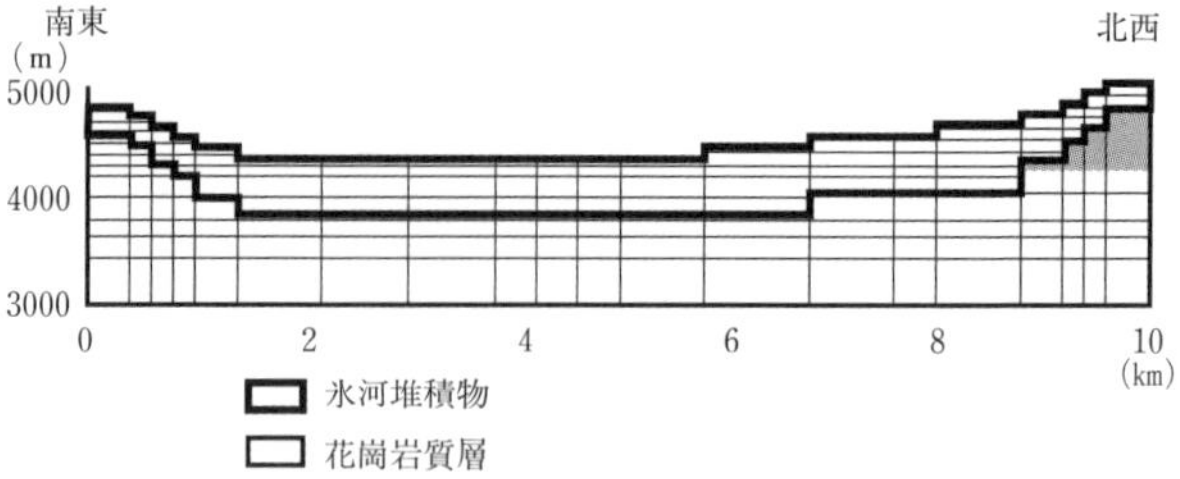

図38　数値シミュレーションのためのブロックレイアウト

質層で水平方向・垂直方向とも透水係数〇・五ミリダルシー）で、上部層中において、水平方向の透水係数が卓越しているというものです。またモデル北西端にやや高い透水係数（水平方向・垂直方向ともに五〇ミリダルシー）を与え、いずれかで上昇してきた熱水がこの部分で側方流動に転じることをモデル化しています。境界条件等詳しいことは省略しますが、パラメータを変えた種々の計算の結果、最適とされたモデルの温度と流線が図39に示されています。また、このモデルはこの地域にある二つの深部井の温度分布をよく再現していることがわかります（図40）。なお、このときの自然放熱量は二四六メガワットと推定されました。すなわち、これまで発表されている二つの推定値の中間的な値を示しています。

　最適とされたモデルは、羊八井地域の北側地域にある山岳地帯より浸透流下した地下水の流れが深部から上昇してきた熱水と混合し、南側に側方流動し、一方、南側にある山岳地帯より

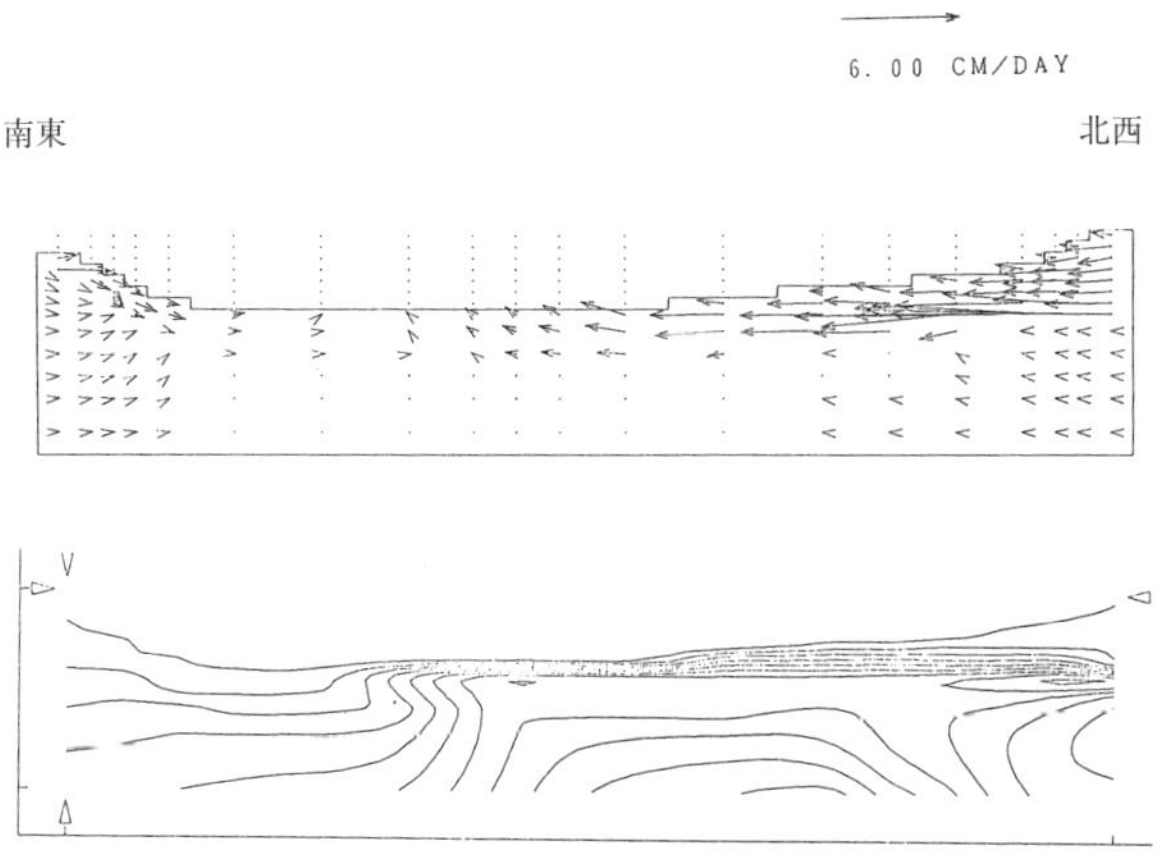

図39　熱水流動モデル（上）と羊八井地熱地域の温度分布（下）。等温線は最上部が20℃，以下20℃ずつ増加する。

浸透流下した地下水は北側に側方流動し、最終的には地表地熱地域である中央部地域で会合し、地表に流出するモデルとなっています。すなわち、地下を流動している熱水の大部分は自然状態においては地表に流出することになっています。そのため、開発前には非常に活発な地表地熱活動が出現していたものと考えられます。しかし、発電により、地下を流動する熱水の大部分を採取したため（熱から電気への変換効率を通常の地熱発電で想定されている一三パーセントを仮定すると、二四メガワット／〇・一三＝一八五メガワットの熱が採取されたことになります）、地表地熱活動が急速に衰えたのではないかと推定されます。このことは、開発前の地熱活動の激し

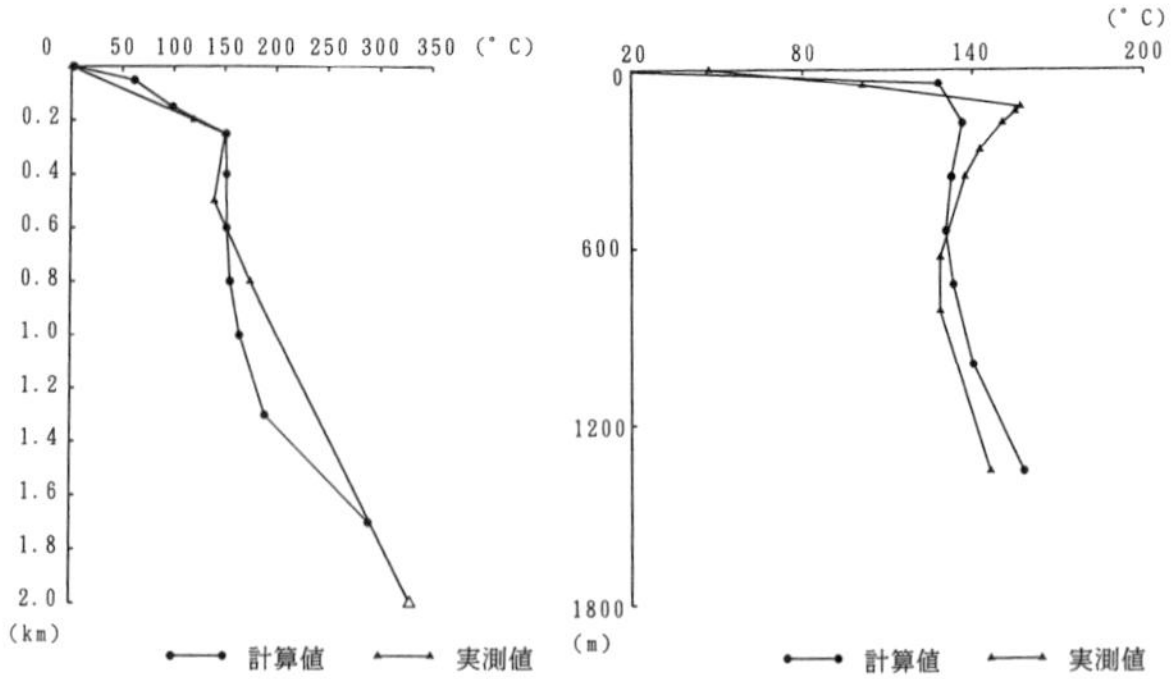

図40 数値モデルによる地下温度計算値と実測値との比較

さと、開発開始後の急激な地熱活動の衰退というパラドックスをうまく説明するのではないかと考えられます。

従って、本地域で発電出力を増すためには、新たな深部熱水の上昇地域を発見する必要があると考えられます。本地域においてはこれまで国連の援助によって地熱調査が進められてきましたが、現在はわが国が協力して地熱開発が進められています（それに関連して、国内各機関から私たちのこれまでの調査結果に対して問い合わせがありました）。新たな地熱資源が発見され、安定した電力供給が行なわれることを期待したいところです。われわれがラサ市内のホテルに泊まっている時には、何度も停電が生じたことが記憶に残っています。

これまでの各研究者の研究成果およびわれわれの調

査研究結果をまとめると、われわれは羊八井地熱地域に関して現在以下のようなモデルを持つに至っています。本地域の背景的地殻熱流量は一〇〇～一五〇mW／㎡程度であり、これは地殻中部（十数キロメートル深）で岩石の溶融状態が発生しうることを示しています。そして羊八井地域北部ではさらに高い地殻熱流量を示しており（四〇〇～七〇〇mW／㎡）、これは五キロメートル深程度で花崗岩の溶融が始まることを示しています。これらのことは、本地域の地熱活動の熱源は地表に新しい火山活動こそ見られないが、地下にはマグマが存在していることを予想させます。マグマが地表に到達しない理由は明らかではありませんが、プレートの衝突により地殻応力が強い圧縮状態にあることと無関係ではないと考えられます。

そして、この特に高い地殻熱流量地域の一部に発達した地下の割れ目系に沿って上昇した熱水は、花崗岩基盤の上に発達する厚さ数百メートルの透水性のよい氷河堆積物中を流動し、開発前には本地域南部でほぼ全量が地表に流出し、活発な地表地熱活動（自然放熱量として二五〇メガワット程度）を呈していたものと理解されます。そして約二〇メガワット相当の地熱発電に伴ない、地下を流動する大部分の地熱流体を生産するとともに、不要熱水の地下還元を行わなかったために、地熱貯留層の圧力が著しく低下し、その結果、発電用地熱流体の生産量が減少するとともに、地表地熱活動も著しく減衰したものと考えられます。

このように現在の開発地域からの発電には限界が考えられますが、新たな深部熱水の上昇域を発見すれば発電量の増加を期待することができると思われます。すでに述べたように本地域には非常に高い地殻熱流量を想定することができます。すなわち、地熱資源のポテンシャルは十分期待されると考えてよいと思われます。

チベット自治区は中国における石油生産基地から離れており、石油の輸送には多大の費用がかかると言われています。一方、今後の社会発展に応じて、電力需要の増加が確実に見込まれています。電力源としては、現在、他には水力発電しかなく、自然環境を維持しながらの安定した発電としては地熱発電しかありません。環境に優しい地熱発電に期待されるところは非常に大きいと考えられます。

薄かったが世界一おいしかったチベットのカレーライス

羊八井での食事には苦労しました。食事は軍隊の食堂を利用させてもらったのですが、中国東北部の食事に比べて、さらに辛くまた脂っこいのです。次第に脂の匂いが鼻につき、食堂の入り口で入るのを躊躇してしまうこともしばしばでした。何か、もっとさっぱりしたものが食べたい、そう思うことが多くなりました。調査のある日、都合で昼食を取るチャンスを失っていました。

空腹で歩いていた時たまたま小さな食堂を見つけました。入ってみるとカレーライスがあるとのことでした。全員が注文しました。しばらくして出てきたのは、どんぶりに入った、冷えて乾燥したごろごろしたご飯でした。そして、その上に黄色い液体がかかったあとがありました。牛肉と思われる肉の塊も一つ入っていました。皆もくもくと食べました。それでもさっぱりした味はその時は世界最高と感じました。このようなカレーライスを二度と経験することはなさそうでしたが、その時は本当に美味しく感じたのでした。

第七章　次のステップを目指して

本書では私たちの調査結果に基づいて、中国大陸主として中国東北部とチベット地域の火山・地熱・温泉について紹介しました。私たちが実際訪れた地域が限られていることもあり、中国全土をくまなく紹介したことにはなっていないことを御了解頂きたいと思います。しかしながら、中国の代表的な火山・地熱・温泉を調査に基づいて紹介できたものと考えています。中国大陸に存在する火山・地熱・温泉について、どんなところに、どんなものが、どんなカラクリで存在しているのかをおおよそ理解して頂けたものと思います。そして、読者のみなさんが、「中国にはそんなところもあったのか」、「野外調査とは意外と大変なものだ」あるいは「妙なことに関心を持つ学者もいるものだ」などと思った方がおられるかも知れません。あるいはまた、「改めて日中戦争を思い起こした」方もあるかも知れません。しかし、私たちが隣国中国について知らないことが実にたくさんあることは感じていただけたのではないかと思います。ここで書かれたことは中国大陸の自然のごく一部のことです。そして、自然現象以外にもいろいろのことがあります。政治・文化・歴史……。

一つの知らないことから広く対象に興味を持つこともあります。また、一つの理解したことから広く対象に興味を持つこともあります。この本に書かれていることをヒントとして、読者のみなさんが中国について、あるいは火山・地熱・温泉について、いろいろなことを思われ、次の思索あるいは行動の一歩となれば著者としてはこれ以上うれしいことはありません。そして日本と中国の間に起こった過去の不幸な出来事を、相互に十分理解して、新しい友好関係を築いていくためにも使われるならば望外の喜びになります。

本書は私たちの現地調査に基づいて書かれていますが、同時に多くの参考文献にもお世話になっています。参考にさせていただいた著者の方々には心からお礼申し上げたいと思います。以下に総括的な文献を中心に感謝を込めて紹介しています。一部の参考文献はその専門性のゆえに割愛しましたが、本書に紹介された参考文献中に示されています。それについては、本書が専門学術書ではなく、一般読者を対象としたものであることをご了解して頂ければ幸いです。

中華人民共和国地質部地質博物館：中国五大連池火山、上海科学技術出版社、一九七九年。

江原幸雄（編著）：中国チベット南部地熱地域の構造と熱水系に関する研究——羊八井地熱地域の例——、

平成五～六年度科学研究費補助金（国際学術研究）研究成果報告書、一九九五年。
江原幸雄（編著）：大陸内部の玄武岩質火山に発達する地熱系に関する研究——中国東北部長白山火山および伊爾施火山地域の例——、平成八～九年度科学研究費補助金（国際学術研究）研究成果報告書、一九九八年。
Hochstein, M. P. and Yang, Zhongke: The Himalayan geothermal belt (Kashimir, Tibet, West Yunnan), In Terrestrial Heat Flow and Geothermal Resources in Asia, 321-368, Oxford & IBH Publishing Co. PVT. LTD., 1995.
金伯禄・張希友：長白山火山地質研究、東北朝鮮民族教育出版社、一九九四年。
金原啓司：日本温泉・鉱泉分布図及び一覧、地質調査所、一九九二年。
Liu, Jiaqi and Taniguchi, H.: Active volcanoes in China, Northeast Asian Studies, 173-189, 2001.
丸山茂徳・深尾良夫・大林政行：プリュームテクトニクス、科学、六三巻六号、三七三—三八六ページ、一九九三年。
Shen Xian-Jie: Crust and upper mantle structure of Xiang (Tibet) inferred from the mechanism of high heat flow observed in south Tibet, Terrestrial Heat Flow and the Lithosphere Structure, 293-307, Springer-Verlag, 1991.
巽好幸：沈み込み帯のマグマ学、東京大学出版会、一九九五年。
都城秋穂（編）：岩波講座地球科学　16、世界の地質、岩波書店、一九七九年。
Wang Jiyang (ed.): Geothermics in China, Seismological Press, Beijing, 1996.
横山泉・荒牧重雄・中村一明（編著）：岩波講座地球科学　7、火山、岩波書店、一九七九年。

注

はじめに

（1）火山・地熱・温泉、その違いと関連は?

火山の下にある溶けた岩石のことをマグマと言います。マグマが地上に現れて、噴火することによってできた地形が火山です。多くは山として盛り上がっていますが、逆にカルデラ（阿蘇火山で見られるような円形の凹地）のようにへこんだものもあります。その地下にあるマグマが冷えて、まわりの岩石を暖めると、暖められた岩石中の水はお風呂の中の水と同じように上昇し、さらに上部に集まります。この集まった部分を地熱貯留層といい、狭い意味では、これを地熱、地熱資源、地熱エネルギーなどと呼びます。このような浅部に集まった温かい水が地表に流出したものが温泉（火山性温泉）です。なお、温泉には、その熱源がマグマではなく、普通の地域の地下に潜った雨水が岩石の持つ熱（地下は深いほど熱くなっています）によって暖められ、再び地上に出てきた非火山性温泉もあります。

（2）玄武岩・安山岩・石英安山岩・流紋岩の区別は?

噴火でマグマが地上に出てきて固結した岩石を火山岩と呼びます。火山岩にはいろいろの種類があります。マグマの粘性にその違いがよく現れています。水のようにさらさら流れるものから、溶岩ドームをつくる粘りけが非常に強いものまであります。そのように分かれる原因は、岩石の化学成分とくに主要成分であるシリカ（SiO_2）の多少にあります。シリカ成分が低いものから、玄武岩（シリカ四五パーセント以上、五二パーセント未満）、安山岩（シリカ五二パーセント以上、六三パーセント未満）、石英安山岩（シリカ六三パーセント以上、七〇パーセント未満）、流紋岩（シリカ七〇パーセント以上）となります。色も黒っぽいものから次第に白っぽいものになります。玄武岩の代表的なものは、ハワイ火山や伊豆大島火山、安山岩は桜島火山、石英安山岩（デイサイト）は、昭和新山ドーム、流紋岩は新島火山から噴出した白色の火砕流に代表されます。

（3）長白山火山とは？

中国と北朝鮮の国境にあり、高さ二、七四九・二メートル。三〇〇個以上の火山体からなる巨大な玄武岩質火山。溶岩流および火砕流の分布面積は一三、三〇〇平方キロメートルに達する。中心部の火山円錐体の高さは一、七〇〇メートル以上で、その基底半径は二〇キロメートル、中心部は火口湖（三×四キロメートル）となっています。北側山腹には長白温泉という温度八〇℃で湯量の豊かな温泉があります。約一〇〇〇年前には大噴火し、日本にも影響を及ぼし、北海道や東北地方に数センチメートルの火山灰をもたらしました。山腹には中国唯一の火山観測所があります。また、観光地としても有名で、夏の期間には韓国からも多くの観光客が霊峰として訪れます（口絵写真6）。なお、この火山の中国名が長白山であり、北朝鮮名が白頭山です。

第一章　中国大陸の火山・地熱・温泉

（1）アルプスーヒマラヤ造山帯とは？

ヨーロッパ・アルプス地域からヒマラヤ地域にかけて、新生代（今から六五〇〇万年前以降）に活発な地殻活動が発生している帯状の地域。活発な地殻活動の結果、褶曲活動に伴なう山脈の形成、活発な地震活動、火山活動それに伴なう地熱活動・温泉活動などが見られます。

（2）プレートテクトニクスとは？

地球の表層（数百キロメートル以浅）は岩盤のブロック（プレートという）に分かれており、それらが相互に運動することにより諸々の変動現象（地殻変動、地震活動、火山活動等）が生じているとの考え方（学説）。

（3）熱水系（地熱系）とは？

地殻内における水による熱の効果的な輸送システムのこと。多くの場合、岩石の割れ目に存在している地表から浸透した水が暖められ対流現象を起こしています。熱水系はいろいろなタイプにわけられますが、地下に存在する地熱流体の温度により高温熱水系（およそ二〇〇℃以上）と中・低温熱水系（数十～百数十℃）に大別されます。高温熱水系の熱源としてはマグマが考えられますが、中・低温熱水系の場合はマグマは必ずしも必要ではなく、地下の深部の岩盤によって加熱される場合も多い。すなわち、特別な熱源がなくても、周囲の岩盤に暖められた水は、断層のような大きい透水係数の地層があれば対流を生じます。

（4）単成火山とは？　複成火山とは？

火山は地下からのマグマが地表に噴出することによって形成されます。この場合、一回の火山活動で形成された火山を単成火山といいます。玄武岩質の火山に多く、規模も比較的小さい。これに対して、何万年、何十万年という長期間にわたる噴火によって次第に成長して大きな火山になっているものを複成火山と言います。大部分の火山はこれに属します。

（5）地熱（熱水）変質とは？

地熱地域の地下では高温の熱水が対流しています。この高温の熱水は岩石と反応し、岩石から特定の化学成分を溶かしだしたり、付加したりして、もともとあった岩石とは異なる鉱物（熱水変質鉱物）が形成されます。これらの過程を地熱（熱水）変質と呼びます。新たに生成された変質鉱物から、それが生成された温度あるいはpHなどが推定されます。

(6) 地殻熱流量とは？

地球の深部から、地殻を通って、地表に向かう伝導的な熱の流れのこと。地温勾配と地層の熱伝導率の積で与えられます。地球上の平均値は約六〇mW／㎡です。火山などのない普通の地域の地球表層の平均熱伝導率は約二W／mK、平均地温勾配は約三℃／一〇〇メートルですので、両者の積六〇mW／㎡が得られます。火山・地熱地域では一〇〇～二五〇mW／㎡程度の高い熱流量が得られることがあります。また、この地殻熱流量を用いて、地下の温度を計算することができます。

(7) 透水係数とは？

地層中の割れ目を流れる水の流量は、二点間の水圧の差（これを動水勾配という）と透水係数（あるいは浸透率）と呼ばれる地層中の水の流れやすさを示す量（割れ目の大きさや形状によって決まる）に比例し、水の粘性係数に反比例します。地層中の対流の発生を決めるパラメータとしてはこの「透水係数」と地下からの「熱の供給量」が重要です。従って、仮に地下からの熱の供給がそれ程大きくなくても透水係数が大きければ対流が発生することになります。

(8) (熱水系) 数値モデルとは？

地下における熱と水の流れに関する考え方（モデル）のことを熱水系モデルと言います。この熱水系モデルには二種類あり、熱水系概念モデルと熱水系数値モデルです。熱水系概念モデルは地下における熱と水の流れを概念的に表したものであり、図式的に表現されます。一方、熱水系数値モデルとは熱水系概念モデルを物理的・数学的に表現したもので、地下における熱と水の流れをコンピュータによって再現したものであり、地下の温度・圧力等が数値によって表現されています。

第四章　巨大な玄武岩質火山——長白山火山——

(1) 水の酸素・水素同位体による水の起源の解明法とは?

火山地域、地熱地域、温泉地域からは噴気あるいは温泉として水が地表にもたらされています。これらの水の起源については昔から大論争があり、マグマ起源か降水(天水)起源か議論が戦われてきました。その決着は、一九六〇年代の中頃、水の酸素と水素の同位体比を測定することでつきました(降水と比べると、水素はほとんど同じですが、酸素のみが重くなっている酸素のシフトという現象が確認されました)。活火山の高温噴気地域からの水や一部の温泉水は、マグマ水と天水の混合からできていると考えられていますが、それ以外の大部分の地熱地域の水の起源は、天水が地下深部に浸透し、高温の岩石に暖められて(この時、降水は岩石から重い酸素を取り込み、水の中の酸素はより重くなる一方、岩石中には水素はほとんどないので、水の中の水素は変化しない)、再び地上に湧出したものと考えられています。

(2) 地熱貯留層と比抵抗構造との関係は?

地熱貯留層とは地下の特定の部分に周囲より高温の熱水あるいは蒸気が貯まっている部分のことを指します。ここでは、周囲より高温であり、それゆえ、岩石と水が反応し、岩石が変化し、新たな熱水変質鉱物が生成されます。これらの「高温地熱流体の存在・熱水変質鉱物の生成」はいずれも地層の比抵抗抗値（電気の流れにくさを表す物理量）を下げます。このようなことから、地熱地域地下で低比抵抗層を探し出すことは地熱貯留層を発見するための重要な手法となっています。しかしながら、最近では低比抵抗であっても、変質はしているが、高温の地熱流体が存在しない場合があることも知られており、一般には低比抵抗層即地熱貯留層ということにはならないと考えられています。

（3）地下構造解析におけるインバージョン法とは？

地下の構造を解析するためには地表で種々の観測を行います。地震、重力、電磁気法など種々の方法があります。従来は、観測値を説明するために、地下に適当な異常構造を想定し、それによって地表で予想される値を計算し、実際の観測値と比較して、一致のよいものを地下構造と決定していました（フォワード計算あるいは順解析法と言います）。インバージョン法（逆解析法）では、観測値から一意的に地下の構造を決定する方法であり、従来の方法に比べ、地下構造決定に人為的影響を避けられることから、現在ではむしろ、標準的な方法となっています。計算時間はかかりますが、コンピュータはこのような繰り返し計算には強いのです。

（4）プリニアン噴火とは？

極めて大規模な噴火の一形態。噴火に伴い、高温のマグマの破砕物が噴煙とともに空中高く上昇し（時には三〇キロメートル程度上空にまで達することもあります）、それが落下することにより、非常に広範囲の地域に火砕岩や火山灰を堆積させます。火砕流は地上にあるものすべてを焼き尽くすだけでなく、大気中に巻き上げられた火山灰等は長期間大気中に漂い、太陽放射を遮ることから冷害をもたらす原因になると言われています。もともとはカリブにあるプレ火山がこのような噴火をしたことから名付けられたものです。

第六章　チベットの火山・地熱・温泉

（1）数値シミュレータとは？

いろいろな現象（本書では地下における熱と水の流れ）を詳しく知るためには、その現象を表わす方程式が必要です。この方程式を解くためには、大変時間がかかるのでコンピュータを使います。このようにある現象をコンピュータで計算し、コンピュータ上で再現（模擬）できるようにしたコンピュータ用のプログラムのことを数値シミュレータと言います。計算の条件を変えることにより、色々な場合について計算することができます。計算結果と測定結果を比較して、どのような条件の場合が実際に起こっているかを確かめます。

（2）ブロックレイアウトとは？

数値シミュレータを使って計算するときには、計算の対象領域（たとえば、ある水平的広がりを持った、地下のある深さまでの直方体で表される領域）を細かく分けて（ブロック分割すると言います）、各々のブロックには実際の地下の岩石に応じた密度とか熱伝導率などの物性値を与えてから、いろいろな条件を変えて計算を行います。対象領域がたくさんのブロックに分けられたものをブロックレイアウト（ブロックの配置）と言います。一番よく見られるブロックレイアウトは、大きな直方体（対象領域全体）が細かな直方体（個々のブロック）に分けられたものです。

あとがき

一九九二年七月にはじめて調査のために中国を訪れました。そして、二〇〇二年七月、第二回北東アジア国際地学シンポジウム出席のため長春市を訪れました。その間ほぼ毎年中国を訪れました。まだまだ不十分ですが、一〇年前に比べ、中国の火山・地熱・温泉に関する理解は広がり、深められました。そして、北東アジアに関する地学的研究は今後さらに充実され、拡大されることが上記シンポジウムで確認されました。中国、韓国、北朝鮮、ロシア、モンゴルそして日本という北東アジアを構成する六ヵ国が、今後五年ごとに国際シンポジウムを開くことが合意されました。地球規模のテクトニクスである「プリュームテクトニクス」から見て貴重な地理的位置にある北東アジアから、世界に向かって情報発信がなされることを心から期待したいと思っています。

また、この一〇年間中国は大きく変わりました。一〇年前、変わり始めた中国は喧噪の中にありました。しかし、その後急速な経済成長を遂げ、現在ではやや落ち着きを取り戻したようです。都市の建物と道路は大きく変わりました。しかしながら、今年訪れた長春市では、また、街中に大きなクレーンがあちこちに見られました。中国はまだまだ経済発展の中にあるようです。

長白山火山には近代的な火山観測所ができ、またチベットの地熱地域や長春市では地熱エネルギー開発利用のために、わが国の企業が進出しています。今後、中国の火山の防災体制が進み、また地熱エネルギーの利用が進展することを心から期待したいと思っています。

この一〇年間にわたる中国大陸における現地調査においては実に多くの方々の御協力と御支援を受けました。特に、中国吉林大学の金旭教授の献身的な御協力なくしては、何ひとつできなかったと思われます。ここに心より厚くお礼申し上げます。また、吉林省地震局の張良懐教授にも現地調査では大変お世話になりました。

秋田大学北逸郎教授には温泉水の同位体分析および温泉ガスの化学分析をお願いしました。同教授の御協力に心から謝意を表します。

また、現地調査に同行された同僚の茂木透氏（現北海道大学助教授）、藤光康宏氏（現九州大学助教授）、甲斐辰治氏（当時九州大学技官、現在退官）にはフィールド調査では苦労を共にして頂き、また貴重な研究成果を出して頂きました。改めて厚くお礼申し上げます。

最後に、本書の完成に至るまで、種々のアドバイスを頂きました九州大学アジア総合研究センターの方々及び九州大学出版会に深く感謝致します。

二〇〇三年一月六日

〈執筆者紹介〉
江原幸雄（えはら　さちお）
九州大学大学院教授（工学研究院），理学博士。
1974年北海道大学大学院理学研究科博士課程中退後，北海道大学理学部助手，九州大学工学部助手，助教授を経て，1990年より現職。
専攻：地球熱システム学および火山物理学。

糸井龍一（いとい　りゅういち）
九州大学大学院教授（工学研究院），工学博士。
1976年九州大学工学部卒業後，九州大学工学部助手，助教授を経て，2002年より現職。
専攻：地熱貯留層工学および環境科学。

渡邊公一郎（わたなべ　こういちろう）
九州大学大学院教授（工学研究院），理学博士。
1985年九州大学大学院理学研究科博士後期課程単位修得の上退学後，九州大学工学部助手，助教授を経て，2002年より現職。
専攻：応用地質学および地球年代学。

〈KUARO叢書 2〉
中国大陸《ちゅうごくたいりく》の火山《かざん》・地熱《ちねつ》・温泉《おんせん》
——フィールド調査から見た自然の一断面——

2003年4月20日　初版発行

編著者　江　原　幸　雄
発行者　福　留　久　大
発行所　(財)九州大学出版会
〒812-0053 福岡市東区箱崎7-1-146
九州大学構内
電話　092-641-0515(直通)
振替　01710-6-3677
印刷・製本　九州電算㈱／大同印刷㈱

 ISBN4-87378-781-5

「KUARO叢書」刊行にあたって

九州大学は、地理的にも歴史的にもアジアとの関わりが深く、これまで、アジアの人々や研究者と様々なレベルでの連携が行われてきました。また、「アジア総合研究」を国際化の柱と位置付け、全学術分野でのアジア研究の活性化を目指してきました。

それらのアジアに関する興味深い研究成果を、幅広い読者にわかりやすく紹介するため、ここに「KUARO叢書」を刊行いたします。

二〇世紀までの経済・科学技術の発達がもたらした負の遺産（環境悪化、資源枯渇、経済格差など）はアジアに先鋭的に現れております。それらの複雑な問題に対して九州大学の教官は、それぞれの専門分野で責務を果たしつつ、国境や分野を超えた研究者と連携を図りながら、総合的に問題解決に挑んでいくことが期待されています。

そこで本学では、二〇〇〇年十月、九州大学アジア総合研究機構（KUARO）を設立し、アジア学長会議を開催、アジア研究に関するデータベースを整備するなど、アジアの研究者のネットワーク構築に取り組んでいます。二一世紀、九州大学が率先してアジアにおける知的リーダーシップを発揮し、アジア地域の持続的発展に貢献せんことを期待してやみません。

二〇〇二年三月

九州大学総長　梶山千里